明日之星教研中心　编著

孩子们的编程书

Scratch 编程入门
无人车

下

化学工业出版社

·北京·

内容简介

本书是"孩子们的编程书"系列里的《Scratch编程入门：无人车》分册。本系列图书共分6级，每级两个分册，书中内容结合孩子的学习特点，从编程思维启蒙开始，逐渐过渡到Scratch图形化编程，最后到Python编程，通过简单有趣的案例，循序渐进地培养和提升孩子的数学思维和编程思维。本系列图书内容注重编程思维与多学科融合，旨在通过探究场景式软件、游戏开发应用，全面提升孩子分析问题、解决问题的能力，并可以养成良好的学习习惯，提高自身的学习能力。

《Scratch编程入门：无人车》基于大疆机甲大师无人车+Scratch图形化编程语言编写而成，分为上、下两册：上册共12课，以无人车完成各种实践任务为线索，引导学生了解无人车编程和Scratch编程，培养孩子们的编程思维和创新意识；下册共12课，以无人车+人工智能应用引导学生接触、感知人工智能技术，并通过实际生活或者学习中的应用，熟悉人工智能技术的实际应用价值。全书共24课，每课均以一个完整的作品制作为例展开讲解，让孩子们边玩边学，同时结合思维导图的形式，启发和引导孩子们去思考和创造。

本书采用全彩印刷＋全程图解的方式展现，每节课均配有微课教学视频，还提供所有实例的源程序、素材，扫描书中二维码即可轻松获取相应的学习资源，大大提高学习效率。

本书特别适合中小学生进行图形化编程初学使用，适合完全没有接触过编程的家长和小朋友一起阅读。对从事编程教育的教师来说，这也是一本非常好的教程，同时也可以作为中小学兴趣班以及相关培训机构的教学用书；另外，本书也可以作为全国青少年编程能力等级测试的参考教程。

图书在版编目（CIP）数据

Scratch编程入门：无人车：上、下册／明日之星教研中心编著. —北京：化学工业出版社，2022.11
ISBN 978-7-122-42097-8

Ⅰ.① S… Ⅱ.① 明… Ⅲ.① 程序设计—青少年读物
Ⅳ.① TP311.1-49

中国版本图书馆CIP数据核字（2022）第163151号

责任编辑：周 红 曾 越 雷桐辉　　　　　装帧设计：水长流文化
责任校对：李 爽

出版发行：化学工业出版社（北京市东城区青年湖南街13号　邮政编码100011）
印　　装：河北京平诚乾印刷有限公司
787mm×1092mm 1/16 印张15¼ 字数208千字 2023年3月北京第1版第1次印刷

购书咨询：010-64518888　　　　　　　售后服务：010-64518899
网　　址：http://www.cip.com.cn
凡购买本书，如有缺损质量问题，本社销售中心负责调换。

定　　价：108.00元（上、下册）

如何使用本书

本书分上、下册，共24课，每课学习顺序一样，从开篇漫画开始，然后按照任务探秘、规划流程、探索实践、学习秘籍和挑战空间的顺序循序渐进地学习，最后是知识卡片。在学习过程中，如果"探索实践"部分内容有些不理解，可以先继续往后学习，等学习完"学习秘籍"内容后，你就会豁然开朗。学习顺序如下：（无人车编程工具下载与安装请参见上册附录1，无人车模拟器的安装与使用可以参考上册附录2，或扫描二维码）

小勇士，
快来挑战吧！

开篇漫画
知识导引

任务探秘
任务描述
预览任务效果

规划流程
理清思路

探索实践
编程实现
程序测试

学习秘籍
探索知识
学科融合

挑战空间
挑战巅峰

知识卡片
思维导图总结

互动App——一键扫码、互动学习

微课视频——解除困惑、沉浸式学习

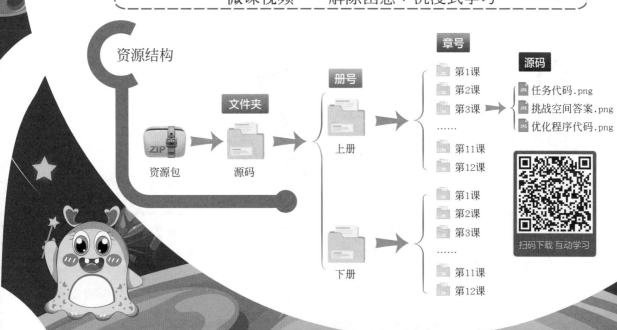

资源结构

资源包（ZIP） → 源码（文件夹） → 册号

上册
第1课
第2课
第3课
……
第11课
第12课

下册
第1课
第2课
第3课
……
第11课
第12课

章号
源码
任务代码.png
挑战空间答案.png
优化程序代码.png

扫码下载 互动学习

人物介绍

一天傍晚，依林小镇东方的森林里出现一个深坑，从造型奇特的飞行器中走出几个外星人，来自外太空的卡洛和他的小伙伴们就这样带着对地球的好奇在小镇生活下来。

卡洛（仙女星系）

关键词：机灵 呆萌

来自距地球254万光年的仙女星系，对地球的一切都很感兴趣，时而聪明，时而呆萌，乐于助人。

圆圆（盾牌座UY）

关键词：正义 可爱

来自一颗巨大的恒星——盾牌座UY，活泼可爱，有点娇气，虽然偶尔在学习上犯小迷糊，但正义感十足。

木木（木星）

关键词：爱创造 憨厚

性格憨厚，总因为抵挡不住美食诱惑而闹笑话，但对于数学难题经常有令人惊讶的新奇解法。

小明（明日之星）

关键词：智慧 乐观

充满智慧，学习能力强，总能让难题迎刃而解。精通编程算法，有很好的数学思维和逻辑思维。平时有点小骄傲。

精奇博士（地球）

关键词：博学 慈爱

行走的"百科全书"，无所不知，喜欢钻研。经常教给小朋友做人的道理和有趣的编程、数学知识。

乐乐（地球）

关键词：爱探索 爱运动

依林小镇的小学生，喜欢天文、地理；爱运动，尤其喜欢玩滑板。从小励志成为一名伟大的科学家。

目录

听令行事（上）

 本课学习目标

◆ 了解人工智能。

◆ 熟悉无人车的智能模块。

◆ 能够使无人车根据识别到的标签做出不同的动作。

扫描二维码
获取本书资源

人工智能技术在现代生活中的应用已经越来越广泛，比如车牌的智能识别、使用各种手机软件时的人脸识别、手机解锁时的指纹识别，还有智能测量体温、识别人的整个身体、动作等，如图1.1所示。本课中将初步使用大疆无人车的人工智能模块完成相应的任务。

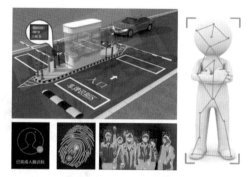

图1.1 生活中的人工智能技术应用

无人车拥有强大的人工智能模块，通过人工智能模块，可以实现行人、数字、字母等的识别。本课将以无人车+人工智能应用引导学生初步接触、感知**人工智能**技术。本课的任务是，让无人车识别标签**1**和**2**，并且在识别到**1**时，向前行进**1**米，识别到**2**时，使所有LED灯每秒闪烁**2**次，效果如图1.2所示。

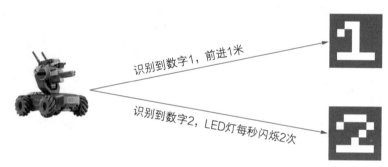

识别到数字1，前进1米

识别到数字2，LED灯每秒闪烁2次

图1.2 根据识别到的标签做出不同的动作

规划流程

无人车要识别**视觉标签**，首先需要进行初始化，即开启视觉标签识别和设置视觉标签识别颜色，然后根据识别到的标签做出不同的动作。因此根据上面的任务探秘分析，规划本任务的流程如图1.3所示。

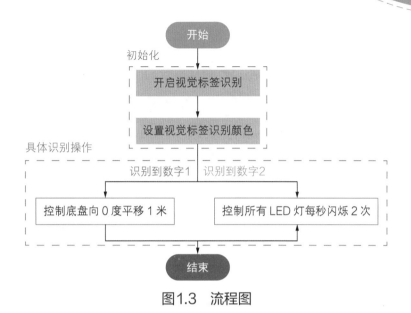

图1.3　流程图

编程实现

根据图1.3规划的流程，编写无人车"听令行事"的代码如图1.4所示。

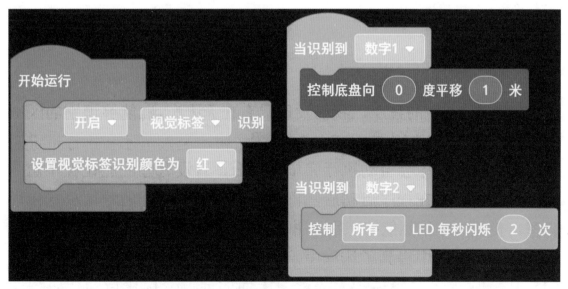

图1.4　控制无人车"听令行事"的代码

测试程序

编写完程序后，在无人车 能够识别到的区域摆放数字标签 和 ，然后使用电脑 通过 WiFi 连接上无人车 ，单击编程工具 中的 按钮运行程序。程序运行效果如图1.5所示。（说明：可以使用手机扫描本课二维码查看本程序的动态效果。）

识别到数字1，前进1米

识别到数字2，LED灯每秒闪烁2次

图1.5　程序运行效果

> **说明**
>
> 如果没有无人车，可以参考上册"附录2　无人车模拟器的安装与使用"中的步骤，在自己的计算机上下载安装大疆教育平台，在"我的程序"中创建程序，并按照"编程实现"中的程序编写代码，通过无人车模拟器模拟运行，查看效果；如果程序中涉及智能识别相关功能，需要在模拟器中选择"人工智能普及系列"中的相应场景。

优化程序

运行图1.4中的程序，我们发现只有在无人车 能够识别的区域有视觉标签 和 的情况下，单击 按钮，无人车才会执行指定的动作，否则，程序会自动执行完毕！那么，有没有办法能让程序始终保持运行，以便在程序启动后，再在无人车能够识别的区域放置**视觉标签**，使无人车依然能够识别，并执行指定动作呢？

上面的需求中提到了让程序始终保持运行，这时可以使用控制语句模块 中的**无限循环**积木来解决上面的问题，优化后的代码如图1.6所示。

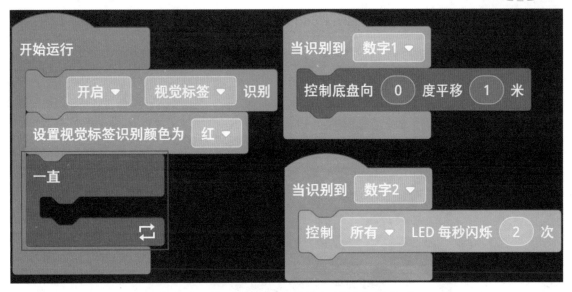

图1.6 使无人车程序始终保持运行的代码

认识AI

我们平时总听到人工智能，听到AI，那么到底什么是人工智能，什么是AI呢？

小知识

人工智能其实就是让机器（计算机、机器人等）实现部分原本只有人类才能完成的任务，它涉及计算机科学、心理学、哲学和语言学等多个学科，那么，AI又是什么呢？其实就是人工智能，它是人工智能的英文（Artificial Intelligence）首字母缩写。

人工智能主要分为3种形态，即弱人工智能、强人工智能和超人工智能，它们之间有什么区别呢？

●弱人工智能：也称限制领域人工智能或应用型人工智能，指的是专注于且只能解决特定领域问题的人工智能，例如：AlphaGo、Siri、

FaceID等，如图1.7所示。现阶段的人工智能应用基本属于弱人工智能。

图1.7　弱人工智能应用

● **强人工智能**：又称通用人工智能或完全人工智能，指的是可以胜任人类所有工作的人工智能。强人工智能比弱人工智能难得多，现阶段人类社会还达不到这样的标准，但在一些科幻影片中可以窥见强人工智能的一些"身影"，比如，《人工智能》中的小男孩大卫、《机械姬》里面的艾娃等。

● **超人工智能**：牛津哲学家、知名人工智能思想家Nick Bostrom把超级智能定义为"在几乎所有领域都比最聪明的人类大脑还聪明很多，包括科学创新、通识和社交技能"。由于超人工智能超出了人类现有的认知范围，甚至引发了人类"永生"或"灭绝"的哲学思考，所以，如果真有那么一天，人工智能可能将形成一个新的社会！

小提示

　　人工智能已经广泛应用于现实生活中的各个领域，几乎每个人都会接触到，比如日常家里使用的智能音箱、微信中的语音转换、人脸识别、图片识别、商场的智能导购等。虽然人工智能技术能给我们的生活带来很多便利，但仍然存在很多的风险和不足，因此，我们在使用人工智能时，一定要有识别能力。

无人车的AI模块

无人车 集成了强大的AI人工智能模块，主要有感应装甲和摄像头两部分。其中，感应装甲可以实时感应水晶弹或者红外光束的击打或者射击，而摄像头则可以进行智能识别、测量距离等操作。无人车的AI模块如图1.8所示。

摄像头，智能识别看到第一人称视角的画面和测量距离

感应装甲，感知机构实时感应水晶弹或红外光束

图1.8　无人车的AI模块

初步使用智能模块

前面提到无人车集成了AI人工智能模块，那么如何在编程时使用其AI人工智能模块呢？在无人车编程工具 中提供了一个智能模块，该模块中包含了无人车AI人工智能相关的模块，比如识别视觉标签、识别线、识别人等，如图1.9所示。

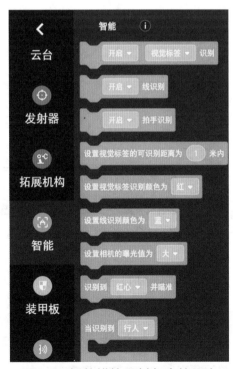

图1.9　智能模块及其包含的积木

在使用无人车的智能模块  进行识别时，首先需要进行初始化，即开启某一类别的识别，如图1.10所示。该积木中可以选择4类可识别的信息，分别为视觉标签 🏁（默认）、姿势 🙆、行人 🚶 和S1机器人 🚗，如图1.11所示。

图1.10　开启识别积木块

图1.11　可以识别的信息

如果选择的是识别视觉标签 🏁，则初始化时还需要设置要识别的视觉标签颜色，如图1.12所示，该积木中可以选择3种识别颜色，分别为红🔴、蓝🔵、绿🟢，如图1.13所示。

图1.12　设置识别视觉标签颜色的积木块

图1.13　可以识别的视觉标签颜色

本课的任务是分别识别数字标签 1️⃣ 和 2️⃣，然后执行不同的操作，所以需要使用智能模块 🔲 中的 🚙 事件积木块。该积木块主要用来在无人车识别到某一类物体时运行其中包含的积木，如图1.14所示。

图1.14 "当识别到"事件积木块

"当识别到"事件积木块中默认识别的是"物体"类别下的"🚶行人",如图1.15所示,我们可以对其进行修改,比如修改为识别数字,则选择 视觉标签-数字 类别下相应的数字即可,如图1.16所示。

图1.15 默认识别"物体"类别下的"行人"

图1.16 修改要识别的信息为数字

认识视觉标签

完成本课"听令行事"任务是使用**视觉标签**实现的,**视觉标签**可以简单理解为由很多正方形格子组成的标签,如图1.17所示。

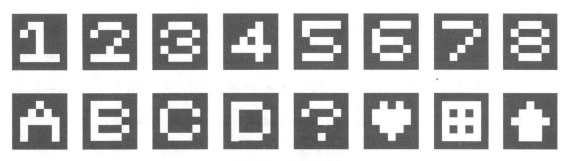

图1.17 视觉标签

仔细观察图1.17的视觉标签，每个视觉标签上其实都有两种不同颜色的格子：红色█和白色□。其实一个视觉标签由7×7=49个两种不同颜色的格子组成，通过对这些格子进行不同的排列组合，可以显示不同的图案，如图1.18所示。

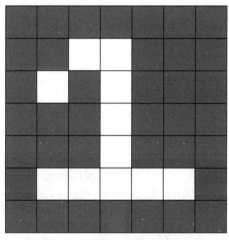

图1.18 视觉标签的组成

挑战空间

根据本课知识完成以下挑战任务：在某街道上依次摆放好无人车🚗，以及绿色的前进➕和停止◻标签，让无人车🚗初始先向前移动，当识别到绿色前进标签➕时，将无人车🚗前进速度设置为❶米/秒；当识别到绿色的停止标签◻时，让无人车🚗停止移动。如图1.19所示。

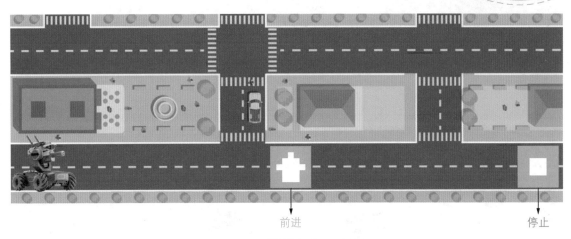

前进 停止

图1.19 挑战任务示意图

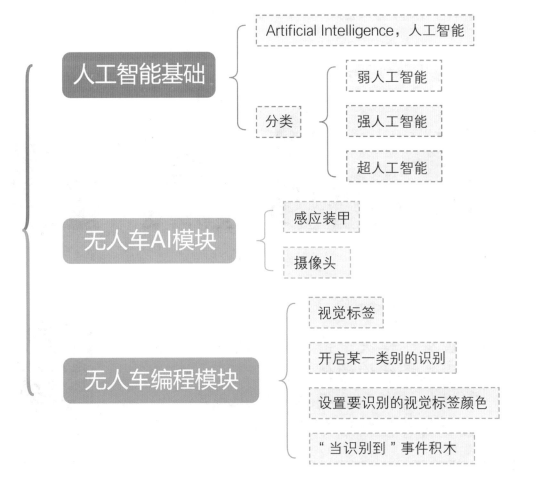

知识卡片

人工智能基础
- Artificial Intelligence，人工智能
- 分类
  - 弱人工智能
  - 强人工智能
  - 超人工智能

无人车AI模块
- 感应装甲
- 摄像头

无人车编程模块
- 视觉标签
- 开启某一类别的识别
- 设置要识别的视觉标签颜色
- "当识别到"事件积木

听令行事（下）

乐乐，上节课讲的，听懂了吧？

我听懂了，我也想试试……

你能有这种求知欲，我非常欣慰！

想想用以前学过的知识能不能实现呢？

哦，我懂了，应该可以用选择结构实现。

非常好，今天我们就来实践一下……

本课学习目标

◆ 掌握智能模块中条件积木的使用。
◆ 巩固选择结构的使用。
◆ 掌握如何在无限循环中停止程序。
◆ 初步熟悉控制语句的嵌套。

扫描二维码
获取本书资源

上节课中我们控制无人车 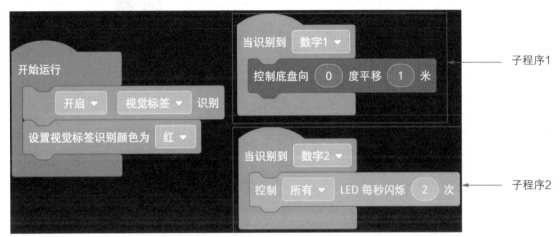 根据识别到的数字标签完成不同动作的任务，在实现过程中，使用了智能模块 中的"当识别到"事件积木块，如图2.1所示。

图2.1　使用"当识别到"事件积木控制无人车"听令行事"

观察图2.1中的代码，发现使用事件积木时，相当于创建了两个子程序，这与我们以前学过的将所有代码写在 中不同！本课将使用如图2.2所示的"如果……"**选择结构**对"听令行事"代码进行改进，以方便理解。

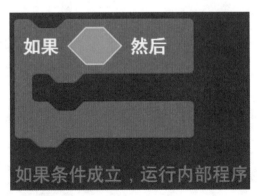

图2.2　"如果……"选择结构

根据上面的任务探秘分析，对"听令行事"任务的改进，主要是将事件积木改进为"如果……"选择结构，因此，只需要将原来代码中的使用事件积木实现的两个子程序修改为使用 判断即可。从上面的分析，我们可以得出如图2.3所示的流程图。

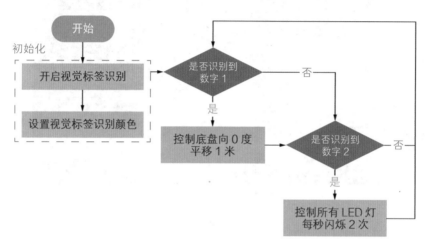

图2.3　流程图

编程实现

根据图2.3规划的流程，编写使用 实现无人车 "听令行事"任务的代码，如图2.4所示。

图2.4　使用"如果……"选择结构实现无人车"听令行事"任务的代码

测试程序

编写完程序后，在无人车  能够识别到的区域摆放数字标签 **1** 和 **2**，然后使用计算机 💻 通过 **wifi** 连接上无人车 🚗，单击编程工具 **R** 中的 ▶ 按钮运行程序，运行效果如图2.5所示，可以使用手机扫描本课二维码查看。

识别到数字1，前进1米

识别到数字2，LED灯每秒闪烁2次

图2.5 程序运行效果

优化程序

不管是第1课中使用事件积木实现的代码，还是图2.4中使用**选择结构**实现的代码，在运行时，程序都不会自动停止，因为程序中用到了**无限循环**，如果想停止程序运行，前面都是手动停止程序。实际上，在无人车编程工具的控制语句模块 🔲 中提供了一个 停止程序 积木，使用该积木，就可以在程序中设置满足某种条件的情况下自动终止程序的运行。例如，这里将"听令行事"任务的需求做一下修改：当识别到数字 **2** 时，所有LED灯每秒闪烁 **2** 次，然后停止程序，则程序代码如图2.6所示。

图2.6 使用"停止程序"积木终止程序运行

巧用条件积木

完成本课任务时需要使用"如果……"选择结构，该结构的积木块中有一个六边形的区域 ，用来添加**条件积木**，如图2.7所示。

图2.7　选择结构中添加条件积木的区域

从图2.7中可以看出，**条件积木**通常都是六边形的，无人车编程工具的智能模块 中提供了4种类型的积木，分别为**可执行积木**、**事件积木**、**条件积木**和**获取信息积木**，分别如图2.8～图2.11所示。

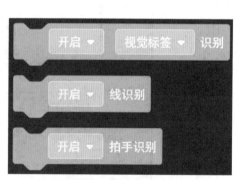

图2.8　可执行积木

图2.9　事件积木

图2.10　条件积木

图2.11　获取信息积木

本课任务中需要使用智能模块 中的 识别到 行人 ▼ 条件积木进行判断，该积木在识别到物体、视觉标签、姿势等对应信息时返回真，否则返回假。

"识别到"条件积木中默认识别的是"物体"类别下的"行人 "，如图2.12所示，可以单击默认显示的 行人 ▼ 按钮对其进行修改，比如修改为识别数字，则选择 视觉标签-数字 类别下相应的数字即可，如图2.13所示。

图2.12　默认识别"物体"类别下的"行人"

图2.13　修改要识别的信息为数字

自动停止程序

在优化本课程序中添加了"当识别到数字 时，所有LED灯每秒闪烁 次，然后停止程序"的需求，这时可以使用控制语句模块 中提供的"停止程序"积木实现，该积木用来停止正在运行的所有程序并退出，它一般用于**循环**中。当满足某种条件时，可以使用该积木退出程序。"停止程序"积木如图2.14所示。

图2.14 "停止程序"积木

控制语句的嵌套

本课在实现无人车"听令行事"任务时，需要在保持程序持续运行的状态下，再判断是否识别到了数字**1**和**2**，这时就需要在**无限循环**里面添加进行判断的**选择结构**。类似这样在一个控制语句中再添加另外的控制语句的程序结构，我们将其称为**嵌套**。

> 👾 **说明**
>
> Scratch编程中，选择结构和循环结构之间可以进行任意嵌套，如：选择结构中嵌套循环结构、循环结构中嵌套选择结构、选择结构中嵌套选择结构、循环结构中嵌套循环结构、两种结构中嵌套任意多个选择或者循环结构，等等，如图2.15所示。

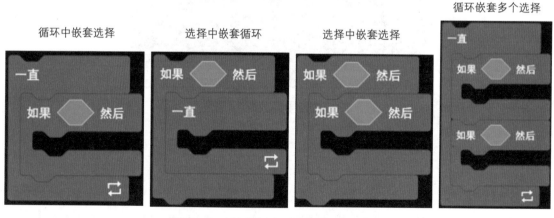

图2.15 控制语句之间的嵌套举例

例如，完成本课任务时，在**无限循环**结构中嵌套了两个 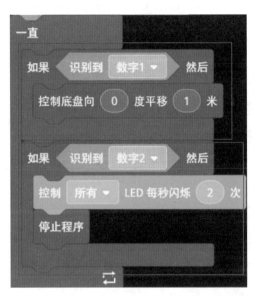，用来在程序保持运行的同时，实时检测无人车是否识别到了数字**1**和**2**，如图2.16所示。

图2.16　本课任务通过控制语句嵌套完成实时检测

挑战空间

将无人车的智能识别 🔍 与 播放音符 积木进行综合应用，当无人车识别到数字**1**~**7**时，播放对应的音符，如图2.17所示。

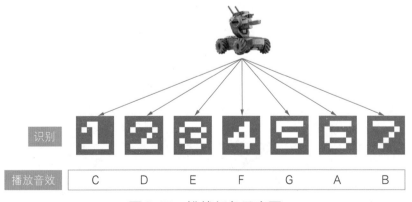

图2.17　挑战任务示意图

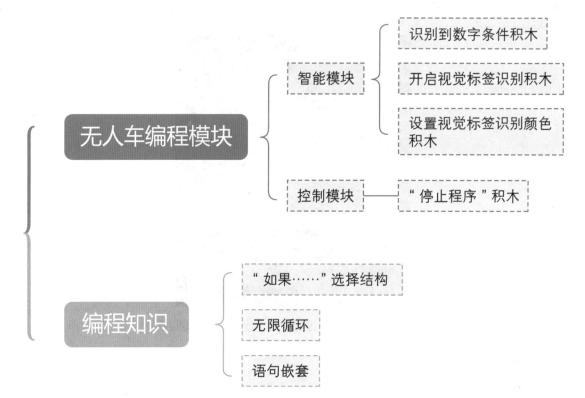

无人车编程模块
- 智能模块
  - 识别到数字条件积木
  - 开启视觉标签识别积木
  - 设置视觉标签识别颜色积木
- 控制模块
  - "停止程序"积木

编程知识
- "如果……"选择结构
- 无限循环
- 语句嵌套

障碍挑战赛

 本课学习目标

◆ 巩固无人车智能模块的使用。

◆ 巩固选择结构的使用（包括程序结构之间的嵌套）。

◆ 熟悉如何设置无人车的识别距离。

◆ 掌握变量的使用。

扫描二维码
获取本书资源

任务探秘

准备一张线路地图，其中设置 4 个障碍物，并分别使用左转、左转、右转和停止视觉标签标识这 4 个障碍物。本课的任务要求无人车按照图3.1所示的红色虚线线路从起始位置出发，途中遇到障碍物时，根据障碍物上的视觉标签执行相应操作，最终到达终点。

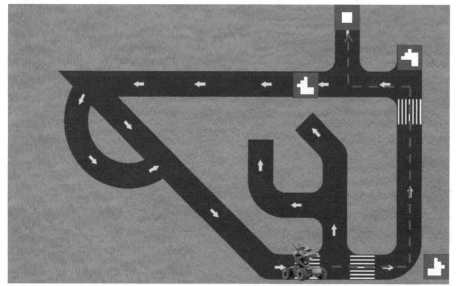

图3.1　障碍挑战赛地图

规划流程

说明

仔细观察图3.1所示地图，发现无人车要避开障碍到达终点，一共需要进行4次避障操作，即：第1次向左旋转90度 ➝ 第2次向左旋转90度 ➝ 第3次向右旋转90度 ➝ 第4次遇到停止标识停止前进。由于障碍物距离每个路口都比较近，我们还应该在初始化时调整视觉标签的识别距离。

根据上面的分析，规划本任务的流程图，如图3.2所示。

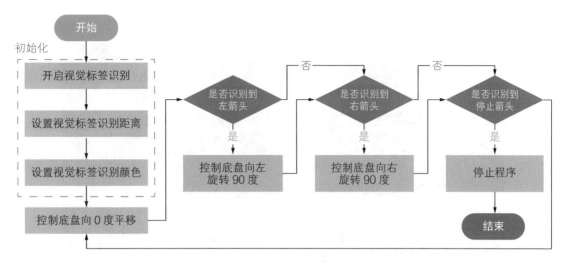

图3.2 流程图

编程实现

根据图3.2规划的流程，编写无人车执行障碍挑战赛任务的代码如图3.3所示。

测试程序

编写完程序后，将无人车🏎️放在地图上的指定起始位置，然后按照图3.1所示摆放障碍物🚧，并使用图3.4所示视觉标签🔳标识每个障碍物。地图及障碍物摆放完成后，使用计算机🖥️通过WiFi连接上无人车🏎️，单击编程工具

图3.3 控制无人车执行障碍挑战赛任务的代码

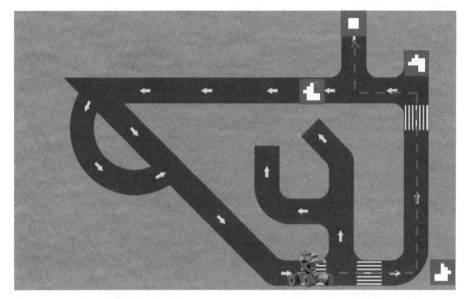

中的 ▶ 按钮运行程序，查看程序运行效果，如图3.4所示。（说明：可以使用手机扫描本课二维码查看本程序的动态效果。）

图3.4　程序运行效果

优化程序

前面讲解过，智能模块 中除了条件积木，还可以使用**事件类积木**实现识别的功能。请思考使用智能模块中的事件类积木优化本课任务，这里可以借助**变量**与**事件类积木**、**选择结构**相结合的方式，对障碍挑战赛的代码进行优化，优化后的程序代码如图3.5所示。

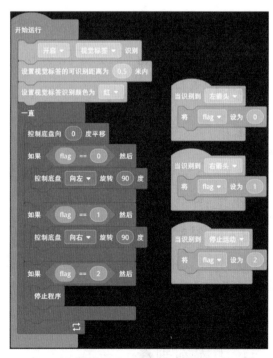

图3.5　使用事件＋变量＋选择结构优化障碍挑战赛代码

学习秘籍

调整无人车的识别距离

本课任务中，障碍物🚧在地图上的位置距离路口都比较近，而无人车🚗的默认识别距离为①米，在实际操作时，有可能会出现无人车过早旋转方向的情况，因此，在无人车初始化视觉标签识别时，需要使用智能模块中如图3.6所示的积木设置一下视觉标签的可识别距离。

视觉标签可识别距离默认为①米，可以对其值进行修改，可识别距离的范围为0.5米到③米。实现本课任务时，应该尽量将视觉标签的可识别距离设置得小一些，例如，这里设置为最小的0.5米，如图3.7所示。

图3.6 设置无人车视觉标签的可识别距离

图3.7 无人车视觉标签的可识别距离范围

使用变量记录识别标签

在优化本课程序时，我们使用了**变量**，因此首先在"数据对象"模块中创建一个变量flag，并使用自动生成的为变量赋值的积木为其设置值，默认值为⓪，如图3.8所示。

本任务中当识别到不同方向的箭头时，为变量设置不同的值。例如，当识别到左箭头标签◀时，设置变量的值为⓪，代码如图3.9所示。

为变量赋值之后，就可以使用**变量**了。要使用**变量**，只需要将"数据对象"模块  中创建的**变量**拖放到积木的椭圆形区域

图3.8　可以使用变量的积木

 内即可。例如，要判断是否识别到左箭头标签，使用如图3.10所示代码即可。

图3.9　根据识别到的不同标签为变量赋值的代码

挑战空间

图3.10　使用变量代码

使用不同的视觉标签，对无人车打出指示。无人车播放开始识别音效后，实时识别不同的视觉标签并做出相应的任务，具体如下：

● 当无人车识别到红心视觉标签：播放识别成功音效后，开始扭腰躲避攻击，并随时听令是否需要进行其他任务。

● 当无人车识别到任一数字视觉标签：收到攻击指令，停止扭腰并播放倒计时音效后，发射⑤颗水弹进行攻击后，停止程序。

效果如图3.11所示。

小提示

　　注意"播放音效"和"播放音效直到结束"积木的区别。另外，可以使用变量结合事件积木实现，也可以使用选择结构和智能模块中的条件积木实现。

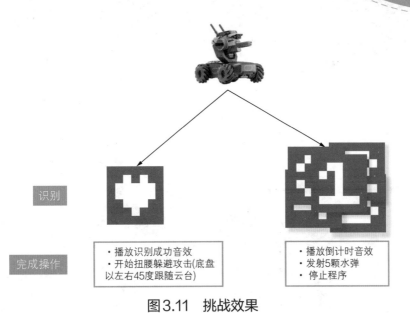

<table>
<tr><td>识别</td><td></td><td></td></tr>
<tr><td>完成操作</td><td>·播放识别成功音效
·开始扭腰躲避攻击(底盘以左右45度跟随云台)</td><td>·播放倒计时音效
·发射5颗水弹
·停止程序</td></tr>
</table>

图3.11 挑战效果

知识卡片

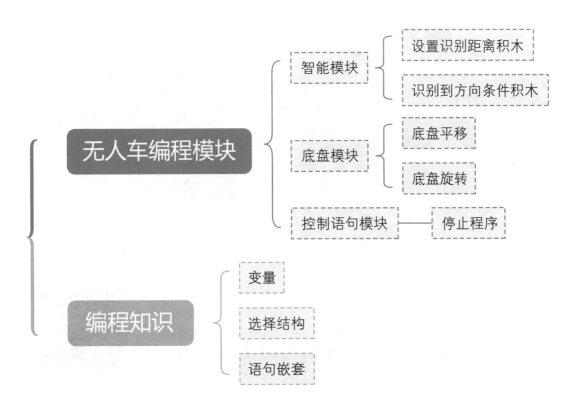

第 4 课

彬彬有礼

知道这是什么吗？

当然，这不是开车礼让行人吗？

想一想：要是换成无人车，怎么让它也这么有礼貌。

本课学习目标

- ◆ 学习行人识别的应用。
- ◆ 巩固无限循环和选择结构的使用。
- ◆ 智能模块和灯效模块的综合应用。

扫描二维码
获取本书资源

任务探秘

本课的任务是设计一个"懂礼貌"的无人车程序，当无人车 识别到人 的时候，所有灯变成绿灯 并闪烁，同时上下"点头"示意；而当无人车 识别不到人时，将"低头"，并关闭所有灯光，如图4.1所示。

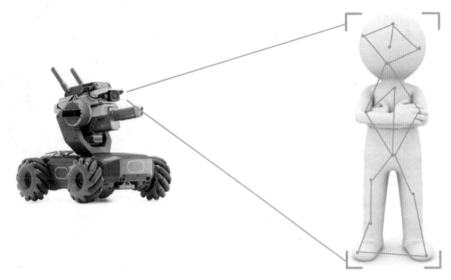

图4.1 "懂礼貌"的无人车

规划流程

根据上面的任务探秘分析，无人车需要识别人 ，因此首先需要进行初始化，即开启行人识别，然后再根据识别到的情况做出不同的动作。这里由于需要实时地判断是否识别到行人，因此需要在一个**无限循环**中使用选择结构 进行判断。

● 如果识别到人：所有灯变成绿灯 并闪烁，这需要用到灯效模块 中的积木，而上下"点头"示意效果则需要通过云台 绕**俯仰轴**上下转动 实现。

●如果识别不到人：将所有灯光关闭，同样需要用到灯效模块中的积木，而"低头"效果则需要通过云台 绕**俯仰轴**向下转动实现。

根据上面的分析，规划本任务的流程，如图4.2所示。

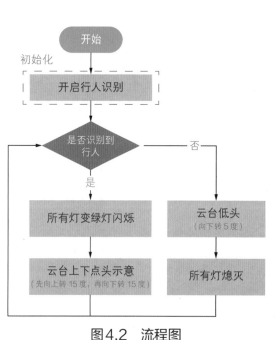

图4.2 流程图

图4.3 控制无人车对行人点头程序的代码

编程实现

根据图4.2规划的流程，编写"懂礼貌"的无人车程序的代码如图4.3所示。

小提示

这里以"上下点头"15度、"低头"5度进行举例，可以根据自己的喜欢设置"上下点头"和"低头"的角度，但不能超出无人车绕俯仰轴方向的转动角度范围–20～35度。

测试程序

编写完程序后，在地上摆放好无人车🚗，然后使用计算机💻通过📶连接上无人车🚗，单击编程工具⏩中的▶️按钮运行程序，自己站到无人车前方观察无人车的状态，然后离开无人车"视线"范围，再次观察无人车🚗的状态。程序运行效果如图4.4所示，可以使用手机扫描本课二维码查看本程序的动态效果。

图4.4　程序运行效果

优化程序

运行图4.3中本任务的代码后，我们会发现无人车不管有没有识别到人🚶，在执行后续动作时，频率都有些过快。可以使用前面学过的 等待 1 秒 积木调整无人车每个动作之间的间隔，如将无人车每个动作之间的间隔时间设定为 0.01 秒，代码如图4.5所示。

图4.5　通过设置无人车每个动作之间的时间间隔优化程序的代码

无人车是如何识别行人的

在我们平时生活中经常遇到能够识别人的场景，比如**体感游戏**就是其中的一种，它可以不使用任何控制器📱，而直接依靠相机📷捕捉三维空间中玩家的运动，如图4.6所示。

图4.6 体感游戏

🦠：类似体感游戏一类的场景是如何实现的呢？

🧑‍🔬：其实它们的本质就是智能识别人体的各个特征。

🦠：大疆无人车集成了强大的智能识别模块（云台上方的摄像头📷），那么它是如何进行人体识别的呢？

🧑‍🔬：无人车🐉首先需要先对特征点进行识别，先识别到人的皮肤，再识别人的关节位置，最后把识别的关节点连起来，这样就可以确定是否识别到了行人🚶，如图4.7所示。

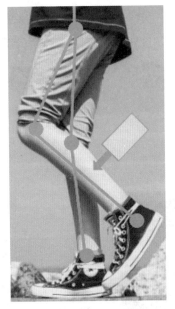

图4.7　无人车对人体进行识别

让无人车识别行人

虽然无人车![](集成了强大的智能识别人体硬件结构,但要想让它识别行人![](,还需要通过编程实现。在无人车编程工具![](的"智能"模块![](中提供了识别行人相关的积木。

要使无人车识别行人,首先需要使用![](积木初始化无人车的行人识别功能。

接下来就可以根据是否识别到行人![](执行一些特定的操作。判断是否识别到行人可以使用"当识别到行人"事件积木(图4.8)或者"识别到行人"条件积木(图4.9)实

图4.8　"当识别到行人"事件积木

图4.9　"识别到行人"条件积木

现，其中，"识别到行人"条件积木通常与**选择结构**一起使用。

例如，分别使用"当识别到行人"事件积木和"识别到行人"条件积木实现当识别到行人🚶时，停止底盘⚙移动，代码如图4.10和图4.11所示。

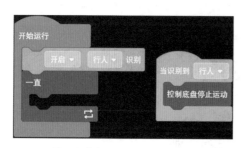

图4.10 使用"当识别到行人"事件积木实现当识别到行人时，停止底盘移动的代码

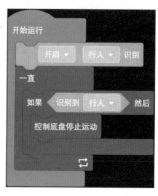

图4.11 使用"识别到行人"条件积木实现当识别到行人时，停止底盘移动的代码

挑战空间

挑战1 尝试使用 事件积木改造本课的"懂礼貌"的无人车程序。（提示：可以借助变量在事件积木中定义一个标识。）

挑战2 编程控制无人车🚗在前进过程中避让路过的行人🚶。当识别到行人时，左右平移↔避让行人并亮红灯⚫，当识别不到行人时，继续前进并亮绿灯⚫。可以参考如图4.12所示流程实现。（注意：该挑战涉及底盘的移动，因此一定要保证在宽阔的空间下进行实验。）

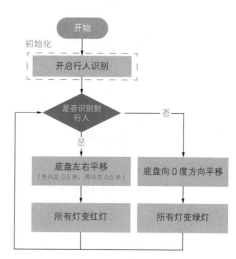

图4.12 挑战二实现流程

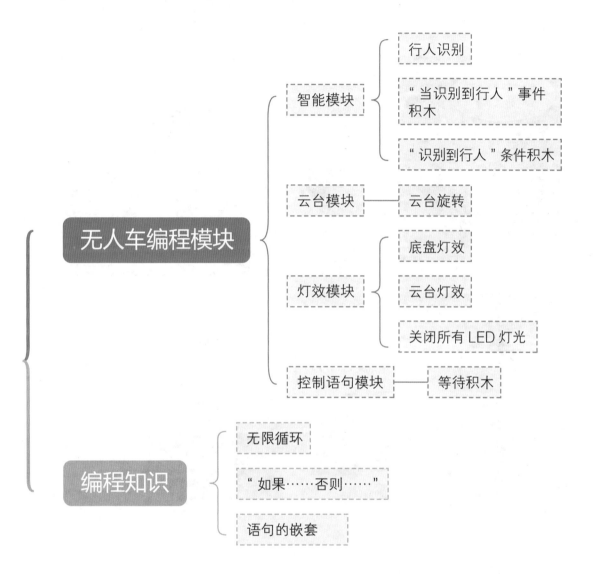

无人车编程模块
- 智能模块
  - 行人识别
  - "当识别到行人"事件积木
  - "识别到行人"条件积木
- 云台模块
  - 云台旋转
- 灯效模块
  - 底盘灯效
  - 云台灯效
  - 关闭所有 LED 灯光
- 控制语句模块
  - 等待积木

编程知识
- 无限循环
- "如果……否则……"
- 语句的嵌套

耳听八方

 本课学习目标

- ◆ 学习声音识别的应用。
- ◆ 了解无人车识别声音的原理。
- ◆ 智能模块、灯效模块、底盘模块及云台模块的综合应用。

扫描二维码
获取本书资源

　　本课的任务是设计一个机警的无人车程序，当无人车 🤖 识别到两次拍手 ✋ 的声音时，底盘灯变成红色 ⬤ 并闪烁，然后左右转动45度；云台灯变成绿色 ⬤ 并闪烁，然后左右转动60度；而当没有识别到两次拍手 ✋ 的声音时，关闭底盘和云台所有灯光，并且控制底盘 ⬛ 停止运动。示意图如图5.1所示。

图5.1　机警的无人车

规划流程

　　根据上面的任务探秘分析，无人车 🤖 需要识别两次拍手 ✋。因此首先需要进行初始化，即开启拍手识别；另外，在识别到两次拍手声音时，底盘和云台需要分别进行转动，因此，在初始化时，应该设置无人车的整机运动模式为自由模式。接下来需要根据是否识别到两次拍手声音来执行不同的操作，因此要在一个**无限循环**中使用 ▦ 进行判断。

　　●如果识别到两次拍手声音 ✋：首先使用灯效模块 🔔 中的积木分别设置底盘和云台的灯变成红色 ⬤ 和绿色 ⬤ 并闪烁，然后是底盘和云台的左右转动，这分别要用到底盘模块 ⬛ 和云台模块 ▼ 中的旋转积木，这里需要注意的是，控制云台转动时，由于是左右转动，因此要控制云台让**航向轴**进行转动。

● 如果没有识别到两次拍手声音：将所有灯光关闭，同样需要用到灯效模块 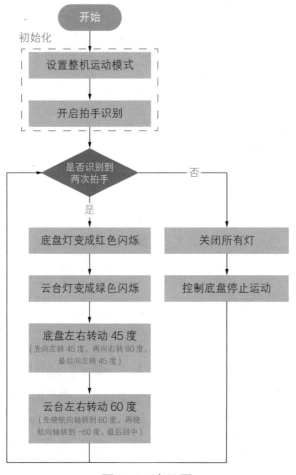 中的积木，而控制底盘停止运动则需要使用底盘模块 中的相应积木实现。

根据上面的分析，规划本任务的流程，如图5.2所示。

开始

初始化

设置整机运动模式

开启拍手识别

是否识别到
两次拍手

是 ← → 否

底盘灯变成红色闪烁

云台灯变成绿色闪烁

底盘左右转动45度
（先向左转45度，再向右转90度，
最后向左转45度）

云台左右转动60度
（先绕航向轴转到60度，再绕
航向轴转到-60度，最后回中）

关闭所有灯

控制底盘停止运动

图5.2　流程图

想一想

在图5.2所示流程中，想一想在控制底盘左右转动45度时，为什么要先向左转45度，再向右转90度，最后向左转45度。

编程实现

根据图5.2规划的流程，编写机警无人车程序的代码如图5.3所示。

图5.3　机警无人车程序的代码

测试程序

编写完程序后，在地上摆放好无人车🏎，然后使用计算机💻通过WiFi连接上无人车🏎，单击编程工具 R 中的 ▶ 按钮运行程序，观察拍两次手🖐和不拍两次手时无人车的运行状态。运行效果如图5.4所示，可以使用手机扫描本课二维码查看本程序的动态效果。

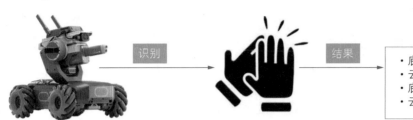

识别 → 结果

- 底盘灯变成红色并闪烁
- 云台灯变成绿色并闪烁
- 底盘左右转动45度
- 云台左右转动60度

图5.4 程序运行效果

优化程序

运行图5.3中本任务的代码后，我们会发现无人车在识别到两次拍手声音时，可以进行底盘和云台的转动，但是底盘和云台的转动都比较慢。这是由于底盘和云台的旋转速率默认都是 30度/秒 ，我们可以通过底盘模块 和云台模块 中的相应积木修改底盘和云台的旋转速率。例如，这里为了使无人车转动更快，将底盘和云台的旋转速率都设置成 90度/秒 ，优化后的代码如图5.5所示。

图5.5 通过改变底盘和云台旋转速率优化代码

无人车是如何识别声音的

无人车集成了强大的声音识别模块。那么，声音 ◀)) 到底是什么？我们人是如何听到声音的？而无人车 🤖 又是如何"听到"声音的呢？本节就来解答这些疑问。

说明

声音是指由物体振动产生的声波，它是通过介质（空气或固体、液体）传播并能被人或动物的听觉器官所感知的波动现象。

知道了声音是什么，那么人是如何听到声音的呢？

小知识

我们都知道人通过耳朵听到声音，实际上，我们通过耳朵听声音时，是通过鼓膜接收振动并感知声音，耳朵构造如图5.6所示。

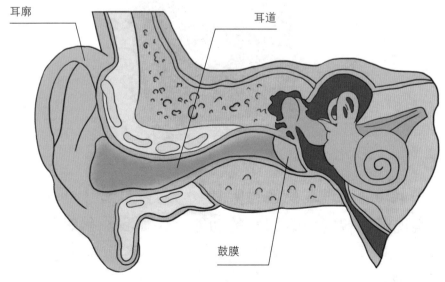

耳廓　　　　　　　　耳道

鼓膜

图5.6　人的耳朵构造

人类可以通过耳朵听到声音，那么无人车呢？大疆无人车🐾在摄像头模块▣的侧面集成了一个**麦克风**，如图5.7所示，通过这个**麦克风**，无人车就可以"听到"声音。

图5.7 摄像头模块侧面的麦克风模块

小知识

无人车的"耳朵"就是麦克风，麦克风上的振膜就相当于人的鼓膜，而麦克风上的电路则相当于人的耳蜗，如图5.8所示。

振膜
相当于鼓膜

电路
相当于耳蜗

图5.8 无人车麦克风的组成

无人车🐾能通过**麦克风**"听到"声音，通过该功能，可以让无人车🐾实现很多智能声音识别的功能，比如我们平时使用的听歌识曲、语音转文字等常用的功能，都是通过声音识别来实现的，如图5.9和图5.10所示。

图5.9　通过声音识别实现的听歌识曲功能

图5.10　通过声音识别实现的语音转文字功能

让无人车识别声音

　　虽然无人车 🦄 集成了强大的声音识别硬件结构，但要想让它识别声音 🔊,，还需要通过编程实现。无人车编程工具 🄁 提供的声音识别积木主要是识别人的拍手声音，在使无人车识别声音时，首先需要使用 开启 ▼ 拍手识别 积木初始化无人车的声音识别功能。

　　接下来就可以根据识别到的声音 🔊 执行一些特定的操作。无人车识别拍手声音时，默认可以识别"两次拍手👏"和"三次拍手👏"的声音，而判断是否识别到拍手声音可以使用"当识别到拍手"事件积木（图5.11）或者"识别到拍手"条件积木（图5.12）实现，其中，"识别到拍手"条件积木通常与**选择结构**一起使用。

图5.11 "当识别到拍手"事件积木

图5.12 "识别到拍手"条件积木

"当识别到拍手"事件积木和"识别到拍手"条件积木默认都识别 "两次拍手👏"的声音，可以通过单击 两次拍手▼ 按钮修改要识别到的拍手指令，如图5.13所示。

图5.13 修改要识别到的拍手指令

关于底盘和云台左右转动的实现

本课任务中，当无人车🏎️识别到两次拍手👏的声音时，底盘 🎛️ 会左右转动45度，而云台 👉 会左右转动60度，实现这两个功能分别 用到如图5.14和图5.15所示的积木。

图5.14 控制底盘转动积木

图5.15 控制云台转动积木

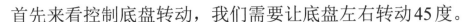

首先来看控制底盘转动，我们需要让底盘左右转动45度。

：使用图5.14所示积木转动时，底盘会"旋转"多少度？

：当控制无人车的底盘向左 ⬅ 旋转45度后，底盘会转动到左侧45度，这时，如果想让底盘再到达右侧的45度，就需要向右 ➡ 转到90度（因为底盘现在处于左侧45度位置，因此需要先向右 ➡ 旋转45度到达原点，再向右 ➡ 旋转45度），这样才能到达右侧45度角的位置。

底盘左右转动45度示意图如图5.16所示，实现代码如图5.17所示。

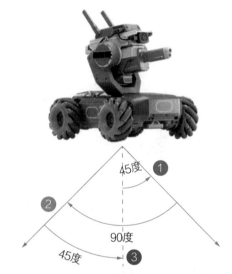

图5.16　本课任务中的底盘转动示意图

图5.17　本课任务中的底盘转动实现代码

：云台左右转动60度，由于是水平方向转动，所以是绕**航向轴**转动，而云台在绕**航向轴**转动时，是"转动到"多少度，即不管云台处于哪个角度，在使用图5.15所示积木后，它都会"转动到"指定的角度。

云台左右转动60度实现代码如图5.18所示。

图5.18 本课任务中的云台转动实现代码

挑战1 运行本课任务时，仔细观察，发现只要单击 ▶ 按钮后，程序就会一直处于运行状态，除非我们强制停止程序。这里给大家设置一个挑战任务，当无人车 识别到三次拍手 声音时，自动停止程序，如图5.19所示。（提示：停止程序可以借助控制语句模块中的"停止程序"积木实现。）

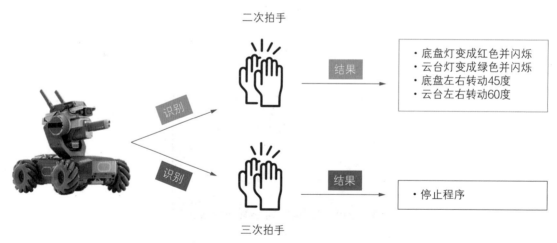

图5.19 挑战一示意图

挑战2 尝试使用 事件积木改造本课任务代码。（提示：可以借助变量在事件积木中定义一个标识，也可以使用无限循环使程序保持运行状态。）

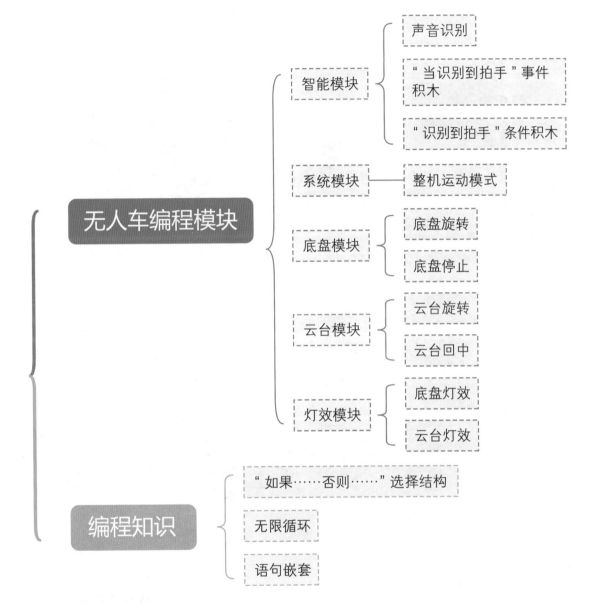

无人车编程模块

- 智能模块
  - 声音识别
  - "当识别到拍手"事件积木
  - "识别到拍手"条件积木
- 系统模块
  - 整机运动模式
- 底盘模块
  - 底盘旋转
  - 底盘停止
- 云台模块
  - 云台旋转
  - 云台回中
- 灯效模块
  - 底盘灯效
  - 云台灯效

编程知识

- "如果……否则……"选择结构
- 无限循环
- 语句嵌套

捕光捉影

博士，捕光捉影是什么意思呀？

捕风捉影是一则来源于寓言故事的成语，出自《汉书·郊祀志》。

捕风捉影是一则来源于寓言故事的成语，出自《汉书·郊祀志》。

啊，博士，我问的是"捕光捉影"。

啊，对不起了，我给大家举个例子……

本课学习目标

◆ 学习姿势识别的应用。
◆ 熟悉判断底盘撞击到障碍物积木的使用场景。
◆ 智能模块、底盘模块及控制语句的综合应用。

扫描二维码
获取本书资源

任务探秘

说明

捕光捉影，顾名思义就是根据无人车识别到的不同影像去执行不同的操作。

本课的任务是控制无人车根据识别到的人的姿势去执行不同的操作。具体要求为：无人车在宽阔的空间持续向前平移，当识别到V字形姿势时，控制无人车向右平移①米，并暂停1秒；而当识别到倒V字形姿势时，控制底盘向左平移①米，并暂停1秒。任务示意如图6.1所示。

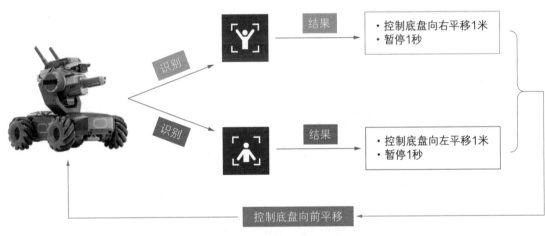

图6.1 本课任务示意图

规划流程

根据上面的任务探秘分析，无人车需要识别人的姿势，因此首先需要开启姿势识别功能；然后，我们要注意的一点是，任务中要求无人车持续向前平移，因此应该在**无限循环**中使用 控制底盘向 ⓪ 度平移 积木使无人车保持前进的状态；最后，需要根据识别到的姿势来执行不

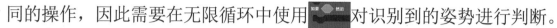

同的操作，因此需要在无限循环中使用 对识别到的姿势进行判断。

🐲：具体应该判断什么呢？

👁️ **说明**

如果识别到V字形姿势：首先控制底盘向右平移1米，这可以使用底盘模块中的"控制底盘向*度平移*米"积木实现，由于是向右平移，所以应该设置平移的角度为90度；然后实现暂停1秒，这可以使用控制语句模块中的"等待*秒"积木实现。

根据上面的分析，规划本任务的流程，如图6.2所示。

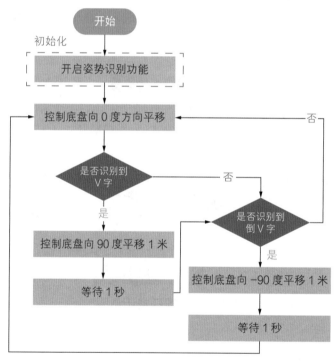

图6.2　流程图

编程实现

根据图6.2规划的流程，编写本课任务的代码，如图6.3所示。

图6.3 无人车"捕光捉影"任务代码

测试程序

编写完程序后，在一个比较宽阔的场地上摆放好无人车🤖，然后使用计算机💻通过 📶 连接上无人车🤖，单击编程工具 🅡 中的 ▶️ 按钮运行程序，然后人🧍站立到无人车前方，分别做出V字形 和倒V字形 动作，观察无人车的运行状态。运行效果如图6.4所示，可以使用手机扫描本课二维码查看本程序的动态效果。

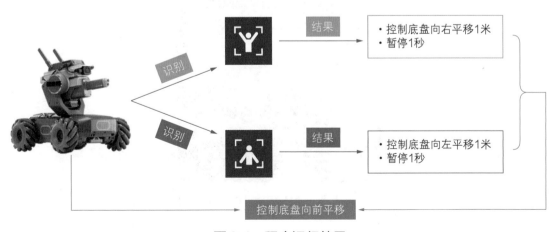

图6.4 程序运行效果

优化程序

运行图6.3中本任务的代码后，我们观察无人车 的运行状态，由于无人车是持续前进的，而且在识别到V字形 和倒V字形 姿势时，还会左右平移，这样不可避免地会碰到障碍物 。但在遇到障碍物时，无人车底盘 还是会一直运动，这样对无人车的损害就比较大。本节将使用**选择结构**结合 底盘撞击到障碍物 条件积木进行判断，如果无人车撞击到障碍物，则停止底盘运动，并停止程序。优化后的代码如图6.5所示。

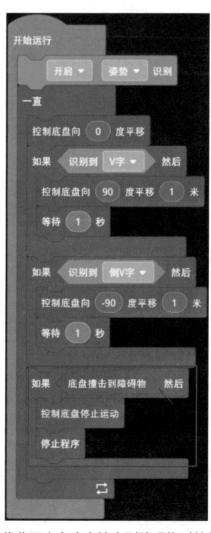

图6.5 优化无人车底盘撞击到障碍物时的状态代码

让无人车识别你的姿势

无人车 集成了强大的智能识别硬件结构，前面我们学习了使用无人车的摄像头 识别视觉标签 、行人 等，除了这些之外，还可以对人体的姿势 进行识别功能。要使无人车识别人体姿势，首先需要进行初始化，开启姿势识别功能。但在智能模块 中，默认并没有开启姿势识别的积木，姿势识别其实是跟视觉标签识别的积木集成在一起的，因此，我们只需要将智能模块中的 开启 ▼ 视觉标签 ▼ 识别 积木拖放到编程区中，然后单击 视觉标签 ▼ 按钮，在弹出的对话框中选择"姿势"即可，如图6.6所示。

图6.6 "开启姿势识别"积木

接下来就可以根据识别到的姿势 执行一些特定的操作。同"开启姿势识别"积木类似，识别姿势也与其他识别类积木集成在一起。具体来说，它与智能模块中的 识别到 行人 ▼ 积木集成在一起。将 当识别到 行人 ▼ 事件积木或者 识别到 行人 ▼ 条件积木拖放到编程区中，单击 行人 ▼ 按钮，在弹出的对话框中选择"姿势"下的指定姿势即可，如图6.7所示。

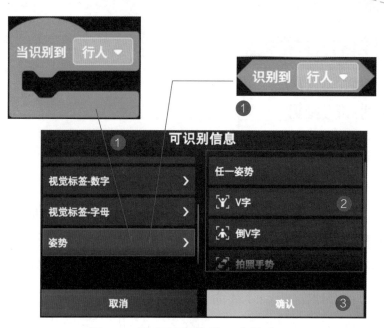

图6.7 使用识别姿势积木的步骤

无人车 🚗 支持识别的姿势有3种，分别是V字 🙆、倒V字 🧍 和拍照手势 🤳。我们可以根据实际需求选择任意一种。比如，将"当识别到"事件积木选择为"V字" 🙆，如图6.8所示，将"识别到"条件积木选择为"倒V字" 🧍，如图6.9所示。

图6.8 "当识别到V字"事件积木

图6.9 "识别到倒V字"条件积木

无人车碰到障碍物怎么办？

本课任务中，由于无人车 🚗 是持续向前的，因此不可避免地会碰到障碍物 🚧，那么无人车如何检测是否碰到障碍物呢？

在无人车编程工具的底盘模块 中提供了一个  条件积木，该积木可以检测无人车行驶过程中，底盘是否撞击到人、桌腿等障碍物，如图6.10所示。

图6.10 "底盘撞击到障碍物"条件积木

图6.11 "底盘撞击到障碍物"条件积木与控制语句结合使用

小提示

通过将"底盘撞击到障碍物"条件积木与控制语句结合使用，可以使无人车在行驶过程中，底盘碰到障碍物时，执行一些避障操作，如图6.11所示。

挑战空间

挑战1 模拟交警👮，当识别到V字形姿势🙆时，无人车底盘和云台灯全部亮红灯⬤，并停止 3 秒；而当识别到倒V字形姿势🧍时，无人车灯全部关闭，并继续前进。见图6.12。

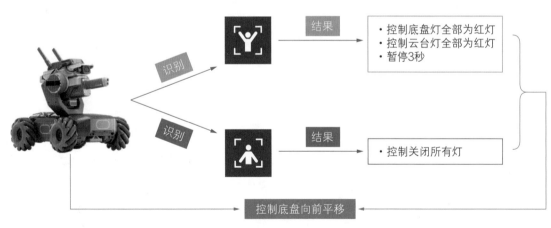

图6.12 挑战任务一示意图

挑战2 尝试使用"当识别到姿势"事件积木改造本课任务代码。（提示：可以借助变量在事件积木中定义一个标识，也可以使用无限循环使程序保持运行状态。）

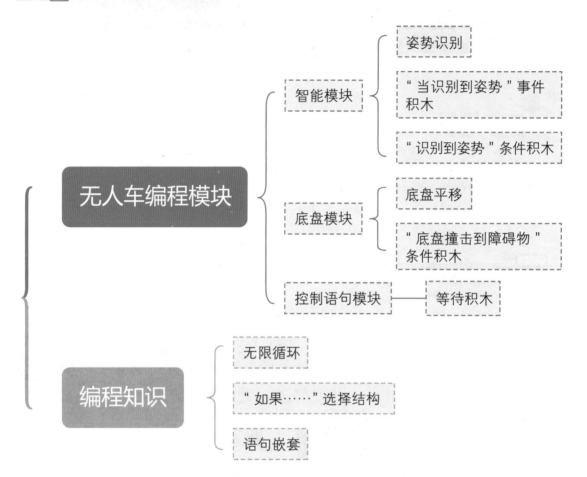

- 无人车编程模块
  - 智能模块
    - 姿势识别
    - "当识别到姿势"事件积木
    - "识别到姿势"条件积木
  - 底盘模块
    - 底盘平移
    - "底盘撞击到障碍物"条件积木
  - 控制语句模块
    - 等待积木
- 编程知识
  - 无限循环
  - "如果……"选择结构
  - 语句嵌套

第7课

交通守护者

 本课学习目标

◆ 学习无人车如何识别方向标签。

◆ 条件积木与变量的综合使用。

◆ 变量在事件积木中的使用。

扫描二维码
获取本书资源

任务探秘

小知识

交通安全，是指人们在道路上进行活动、玩耍时，要按照交通法规的规定，安全地行车、走路，避免发生人身伤亡或财物损失。我们每个人都是道路交通的参与者，一定要按照交通规定去执行。

无人车也需要遵守交通规则，本课的任务是将让无人车变身为一个交通守护者，根据识别到的标识执行相应的操作。任务示意如图7.1所示。

图7.1 无人车识别交通标志

规划流程

根据上面的任务探秘分析，无人车主要完成以下任务：

说明

默认保持直行状态：使用底盘模块中的"控制底盘向0度平移"积木实现；

如果识别到"停止运动"标识：改变底盘和云台的灯光为红色常亮，并且使底盘停止，同时使无人车暂停3秒；

如果识别到"前进箭头"标识：首先修改无人车的行驶速度，并关闭无人车的灯光；

如果识别到"左箭头"或者"右箭头"标识：根据识别到的标识控制底盘向左或者向右旋转90度。

根据上面的分析，规划本任务的流程，如图7.2所示。

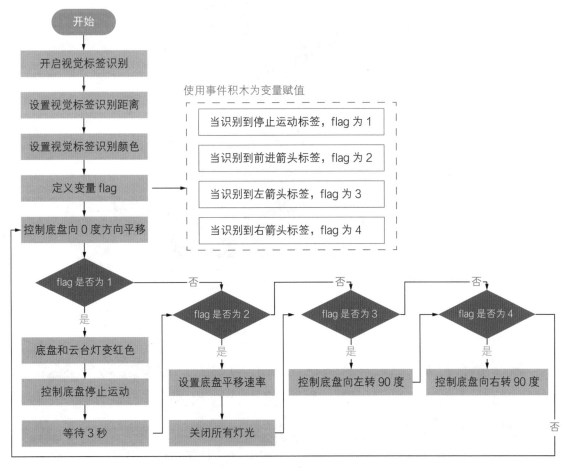

图7.2　流程图

探索实践

编程实现

根据图7.2规划的流程，编写本课任务的代码如图7.3所示。

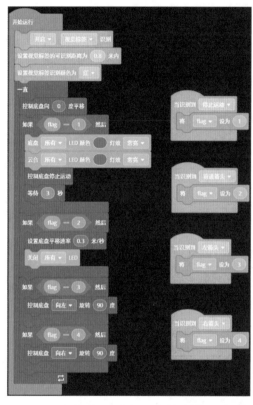

图7.3 无人车实现"交通守护者"任务代码

测试程序

编写完程序后，在一个比较宽阔的场地上摆放好无人车，并且摆放好无人车方向标识，然后使用计算机通过 WiFi 连接上无人车，单击编程工具中的按钮运行程序，观察无人车的运行状态。运行效果如图7.4所示，可以使用手机扫描本课二维码查看本程序的动态效果。

图7.4　程序运行效果

优化程序

使用"识别到视觉标签-方向"条件积木优化本课任务，优化后的代码如图7.5所示。

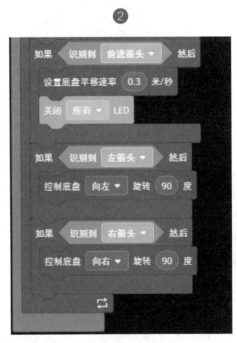

图7.5　优化无人车底盘撞击到障碍物时的状态代码

让无人车认清方向

前面我们学习了使用智能模块  中的"当识别到"事件积木或者"识别到"条件积木，可以使无人车 识别视觉标签 ，比如数字 **1**、**2**、**3**等。其中，在视觉标签中有一个分类，即"方向"，在"方向"分类下提供了 **4** 种可识别的类型，如图7.6所示。

图7.6 无人车可以识别的"方向"标签

"方向"标签分别如图7.7～图7.10所示，它们分别表示前进、停止、左转、右转。

图7.7 前进标签

图7.8 停止标签

图7.9 左转标签

图7.10 右转标签

识别方向积木是与智能模块中的 识别到 行人 积木集成在一起的。将 事件积木或者 识别到 行人 条件积木拖放到编程区中，单击

行人 ▼ 按钮，在弹出的对话框中选择"视觉标签-方向"下的指定方向即可，如图7.11所示。

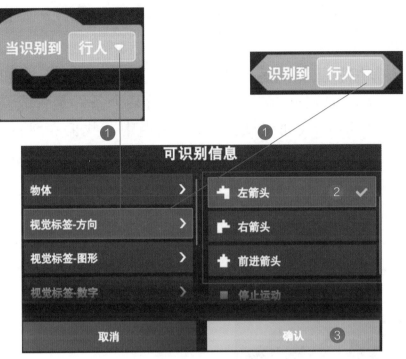

图7.11 使用识别方向积木的步骤

例如，将"当识别到"事件积木选择为"左箭头"方向，如图7.12所示，将"识别到"条件积木选择为"前进箭头"方向，如图7.13所示。

图7.12 "当识别到左箭头"事件积木

图7.13 "识别到前进箭头"条件积木

变量的妙用

前面我们了解了变量可以存储数据，并且学会了如何创建一个变量，本节将详细讲解变量如何在**条件积木**和**事件积木**中使用。

1.变量在条件积木中的使用

在无人车编程工具的运算符模块 ⊞ 中提供了很多六边形的积木，如图7.14所示。这些积木都可以用来判断某个条件是否成立，所以把它们统称为**条件积木**。而在这些条件积木中，我们看到前 ⑥ 个运算符号左右两边都有一个椭圆形的区域 ⓪ （值为0），这个区域的形状与我们创建的变量的形状是一样的（图7.15）。

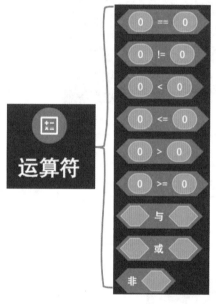

图7.14 运算符模块中的条件积木

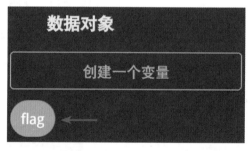

图7.15 创建的变量代码

因此，我们就可以通过**变量**去存储一些值，并在**条件积木**中去判断变量的值。比如，判断变量是不是等于某个值、是不是大于某个值、是不是小于或等于某个值等，如图7.16所示。

图7.16 使用条件积木判断变量的值

2.变量在事件积木中的使用

创建一个变量后，它的值默认是 ⓪，在使用变量时，需要给它赋值。通常我们可以在**事件积木**中为变量赋值，如图7.17所示。这样，变量中就存了相应的值，接下来就可以在**循环结构**或者**选择结构**中通过判断这个变量的值去执行一些操作了，如图7.18所示。

图7.17 在事件积木中为变量赋值

图7.18 通过判断变量值执行相应操作

请控制无人车按照图7.19所示线路中的标识行驶。

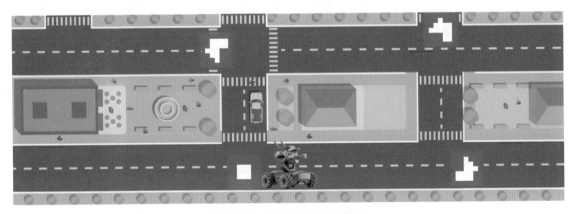

图7.19 挑战任务示意图

- 无人车编程模块
  - 智能模块
    - 识别方向标签
    - 识别距离设置
    - 识别颜色设置
    - 当识别到方向事件积木
  - 底盘模块
    - 底盘平移
    - 底盘停止运动
  - 灯效模块
    - 底盘灯效
    - 云台灯效
    - 关闭所有 LED 灯
- 编程知识
  - 变量
  - 相等判断
  - 多条件判断

第8课

急速救援

嘟！！！

不好，前面有事故，赶紧报警吧！

好，马上到！

我在南湖广场附近，这里有事故！

无人车，南湖广场附近有事故，马上赶往现场！

 本课学习目标

◆ 掌握如何使无人车识别 S1 机器人。

◆ 熟悉识别 S1 机器人的使用场景。

扫描二维码
获取本书资源

无人车🚗马上要去执行急速救援任务，但在去往救援现场时，发现路中间有另外一辆无人车🚗出现故障，因此，在前进过程中，如果在 ① 米以内"看到"故障无人车🚗，则加速避开故障无人车🚗，然后继续赶往救援现场，如图8.1所示。

图8.1　无人车完成急速救援示意图

规划流程

根据上面的任务探秘分析，无人车🚗在去往救援现场时，需要持续向前，但在识别到故障无人车🚗时，需要避开，因此，需要开启无人车的无人车（S1机器人）识别功能，并根据是否识别到无人车执行相应的操作。

说明

如果识别到无人车（S1机器人）：由于需要加速超过故障无人车，因此，首先设置底盘速率，然后使用底盘模块中的"控制底盘向*度平移*米"积木控制底盘分别向左、前、右方向平移，最后继续前进。

如果没有识别到无人车（S1机器人）：控制底盘持续前进。

根据上面的分析，规划本任务的流程，如图8.2所示。

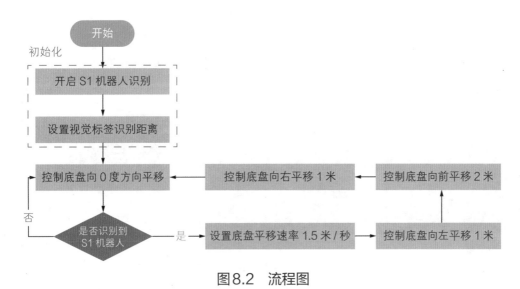

图8.2 流程图

探索实践

编程实现

根据图8.2规划的流程，编写本课任务的代码，如图8.3所示。

测试程序

编写完程序后，在一个比较宽阔的场地上模拟好救援现场，摆放好要实施救援任务的无人车🦄，然后在无人车和救援现场之间再摆放一台"故障无人车🚗"。使用计算机🖥通过📶连接上无人车🦄，单击编程工具🅡中的▶️按

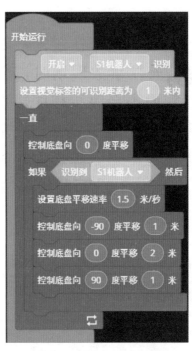

图8.3 无人车"急速救援"任务代码

钮运行程序，程序运行效果如图8.4所示。（提示：可以使用手机扫描本课二维码查看本程序的动态效果。）

图8.4　程序运行效果

优化程序

运行图8.3中本任务的代码后，我们观察无人车的运行状态，由于无人车是持续前进的，发现无人车在避开故障无人车前往事故现场时，会一直直行，而不会停止程序，现在要求无人车在避开故障无人车继续前进过程中遇到障碍物时，则停止程序。优化后的代码如图8.5所示。

图8.5　优化无人车"急速救援"
任务代码

认识"识别S1机器人"积木

无人车 ![car]集成了强大的智能识别硬件结构，前面我们学习了使用无人车的摄像头 ![camera]识别视觉标签 ![tag]、行人 ![person]等，除了这些之外，无人车的摄像头还可以对"S1机器人" ![robot]进行识别。

要使无人车识别"S1机器人"，首先需要进行初始化，开启"S1机器人"识别，但在智能模块 ![module]中，默认并没有开启"S1机器人"识别的积木。"S1机器人"识别其实是跟视觉标签识别的积木集成在一起的，因此，我们只需要将智能模块中的 ![开启 视觉标签 识别]积木拖放到编程区中，然后单击 ![视觉标签]按钮，在弹出的对话框中选择"S1机器人"即可，如图8.6所示。

图8.6 "开启S1机器人识别"积木

接下来就可以根据识别到的"S1机器人" ![robot]执行一些特定的操作。同"开启S1机器人识别"积木类似，识别"S1机器人"也是与其他识别类积木集成在一起的。具体来说，它是与智能模块中的 ![识别到 行人]积木集成在一起的。将 ![当识别到]事件积木或者 ![识别到 行人]条件积木拖放到编程区中，单击 ![行人]按钮，在弹出的对话框中选择"物体"下的"S1机器人"即可，如图8.7所示。

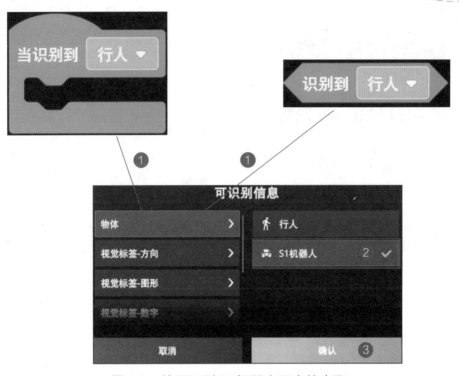

图8.7　使用识别S1机器人积木的步骤

"当识别到S1机器人"事件积木和"识别到S1机器人"条件积木分别如图8.8和图8.9所示。

图8.8　"当识别到S1机器人"事件积木

图8.9　"识别到S1机器人"条件积木

识别S1机器人积木的使用场景

如本课任务所示，通过使用  积木可以执行避障操作。另外，在无人车编程工具的 多人竞技 模块中提供了 3 种无人车竞技模式，如图8.10所示，我们可以通过编程为无人车增加自定义技能，比如在识别到对方无人车 时，进行打击或者快速躲避等。

图8.10　3种无人车竞技模式

另外，在大疆举办的机甲大师赛（机甲大师赛体系如图8.11所示）中，也可以通过编程为自己的无人车 🐉 增加技能，以便更好地完成比赛任务，获得胜利。

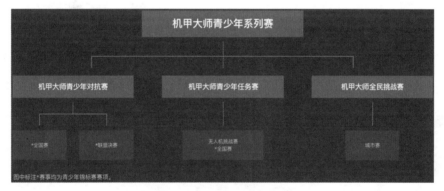

图8.11　机甲大师赛体系

挑战空间

完成以下任务挑战：Ⓐ无人车和Ⓑ无人车，每车有③发子弹，行进到中间交战区后，在识别到对方时，发射子弹 攻击，先被击中的一方失败，如图8.12所示。（提示：子弹数量有限，因此一定要控制子弹发射的时机。）

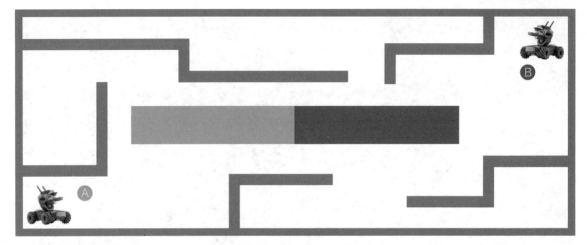

图8.12　挑战任务示意图

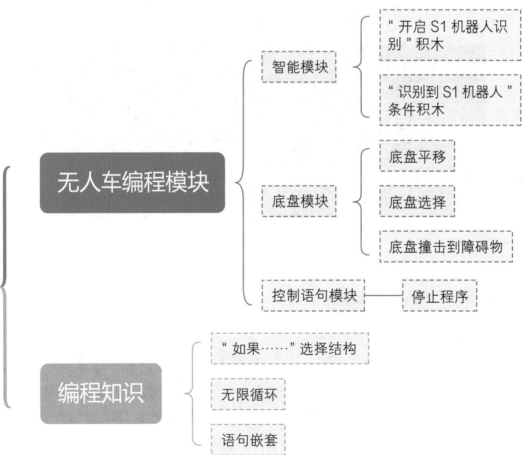

猜数字游戏（上）

本课学习目标

- ◆ 熟悉猜数字游戏规则。
- ◆ 掌握如何使用无人车体现猜数字游戏。
- ◆ 学会使用"等待识别到"积木。
- ◆ 变量与随机数的综合使用。

扫描二维码
获取本书资源

小知识

　　猜数字是一种经典的益智类小游戏，起源于20世纪中期，一般由两个人或多人玩，也可以由一个人和电脑玩，它的基本规则是：一方出数字，一方猜，看一共用几次能猜到，或者限制次数让另一方猜。

　　本课任务中，我们将控制无人车模拟猜数字游戏，具体要求为：程序首先**随机**生成一个 0～9 范围内的数字，然后无人车识别出现的数字标签，如果识别正确，则底盘变绿灯闪烁，并在3秒后停止程序；而如果识别不正确，底盘变红灯闪烁并继续识别出现的其他数字标签，直到识别正确为止。任务示意，如图9.1所示。

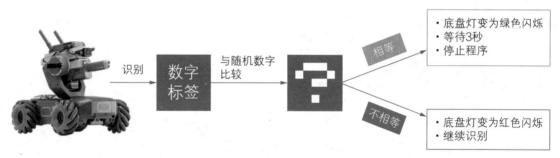

图9.1　本课任务示意图

规划流程

　　根据上面的任务探秘分析，无人车需要识别数字标签，因此首先需要开启视觉标签识别；然后，我们需要创建两个**变量**，分别用来记录**随机**生成的数字和识别到的数字；最后，判断这两个变量记录的数字是否相等，从而判定是否猜中。根据上面的分析，规划本任务的流程，如图9.2所示。

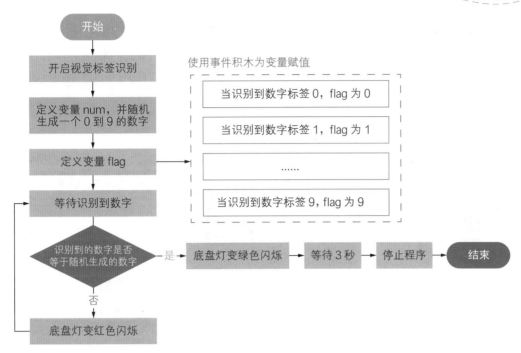

图9.2　流程图

编程实现

　　根据图9.2规划的流程，编写本课任务的代码，如图9.3所示。

测试程序

　　编写完程序后，使用计算机通过 WiFi 连接

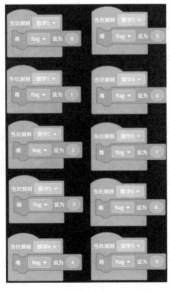
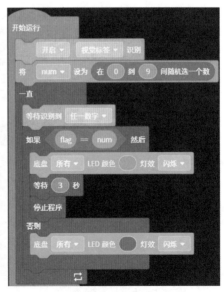

图9.3　无人车"猜数字游戏"任务代码

上无人车，单击编程工具 R 中的 ▶ 按钮运行程序，然后将你想猜的数字对应标签 P 放到无人车正前方，看看你用几次能猜中。运行效果如图9.4所示，可以使用手机扫描本课二维码查看本程序的动态效果。

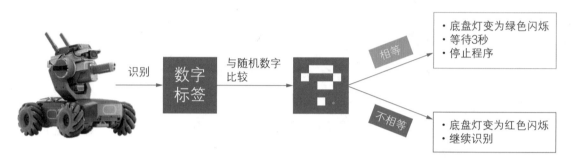

图9.4　程序运行效果

优化程序

一般在玩猜数字游戏时，都会有次数限制，比如 ③ 次或者 ⑤ 次必须猜中，否则视为游戏失败，而图9.3程序中可以无限次玩，因此，这里我们对本课任务进行改造，限制无人车猜数字游戏每局最多猜 ③ 次，优化后的代码如图9.5所示。

图9.5　限制猜数字游戏的次数优化代码

💡 **说明**

说明上面代码省略了为变量flag赋值的代码，具体参考图9.3中左侧代码。

变量与随机数的结合

本课任务中，需要生成一个**随机**数字，然后让无人车 去"猜"，那么，就需要记录一下随机生成的数字到底是多少，这时就需要使用变量去记录。下面将对如何用**变量**记录随机数进行讲解。

说明

前面我们知道了变量可以用来存储数据，在创建一个变量之后，会在"数据对象"积木块中自动出现为变量赋值和增加值的积木，如图9.6所示为生成的为变量赋值的积木。

在为变量赋值的积木中有一个椭圆形的区域 ，就是变量的具体值，这个值默认是 ，但可以用其他椭圆形的积木对它进行填充。比如，在"运算符"模块 中生成**随机数**的积木就是椭圆形的，如图9.7所示。

图9.6 为变量赋值积木

图9.7 生成随机数的积木

可以将生成**随机数**的椭圆形积木拖放到为变量赋值积木的椭圆形区域中，这样就可以使用变量来记录随机生成的数字，组合后的语句如图9.8所示。

图9.8 使用变量记录随机生成的数字

妙用"等待识别到"积木

本课任务中，要求只有在识别到数字时，才会去判断识别到的数字是否与**随机**生成的数字一致，因此，这里就需要使用"智能"模块

中的积木去实现。

![小提示]

> 默认情况下，在开启视觉标签识别后，如果程序中设置了无限循环，并且使用了识别视觉标签的事件积木或者条件积木，无人车启动后就会立即判断是否识别到了标签，并根据识别结果执行相应操作。

积木中默认识别的是行人🚶，可以单击 行人 ▾ 按钮选择其他视觉标签。例如，要识别数字，可以选择"视觉标签-数字"下的"任一数字"，如图9.9所示，选择后的积木块如图9.10所示。

图9.9　选择"视觉标签-数字"下的"任一数字"

图9.10　"等待识别到任一数字"积木

![技巧]

> 通过使用"等待识别到"积木，可以使程序避免做一些无效的循环操作。

![挑战空间]

设计程序，随机生成 1 到 7 的数字，分别对应字母 A 到 G，如图9.11所示，当无人车识别字母 A 到 G 时，如果识别到的字母正好与随机生成的数字对应，则播放相应的音符🎵，如图9.11所示。（提示：在识别到字母时，需要通过变量记录对应的值；而在播放音符

时，需要使用"多媒体"模块中的相应积木。）

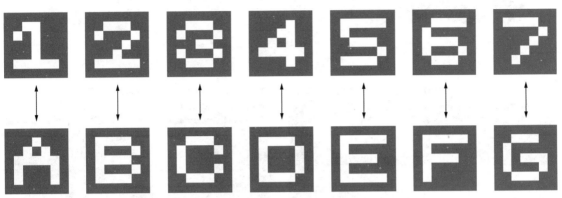

图9.11 挑战任务示意图

知识卡片

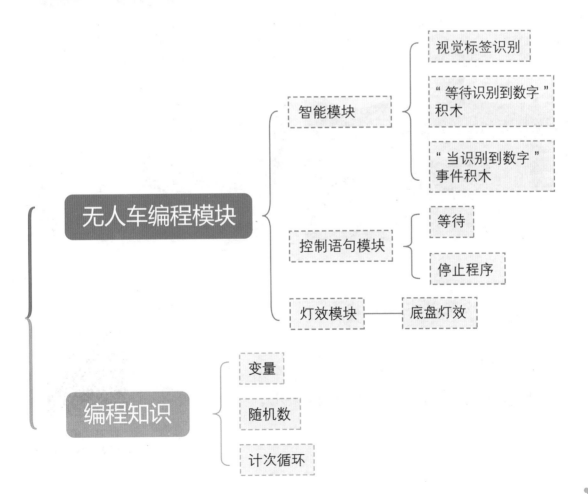

第 10 课

猜数字游戏（下）

卡洛啊，这游戏也没啥难度啊！

这是先让你玩玩简单的。

现在跟你玩个升级版的。

升级版的？

限制次数让你猜，看你能不能猜出来。

好，那我挑战挑战。

 ## 本课学习目标

◆ 熟悉游戏多关卡设置的基本原理。
◆ 掌握列表的创建及基本使用。
◆ 巩固计次循环的使用。

扫描二维码
获取本书资源

任务探秘

我们平时在玩游戏时，都会有**关卡**，关卡通常都是从易到难设置，因此，本课任务将继续优化猜数字游戏。上节课的猜数字游戏中，猜的一方可以一直猜，直到猜对为止。本节课中，我们将限制猜的次数分别为 ① 次、③ 次和 ⑤ 次，每次游戏时，**随机**抽取猜的次数，看对方是否能在指定次数内猜中数字。任务示意如图10.1所示。

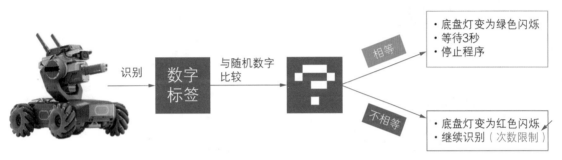

图10.1　本课任务示意图

规划流程

根据上面的任务探秘分析，无人车 在开启识别数字标签 功能后，需要存储"限制猜的次数"，而任务要求"限制猜的次数"是 ① 次、③ 次和 ⑤ 次，那么，如何存多个数据呢？

👁 **说明**

要存储多个数据，在 SCRATCH 中可以用列表实现。在列表中存储完"限制猜的次数"后，每次玩游戏时，需要从列表中随机获取一个值，这时可以使用随机数积木和列表结合实现，并使用一个变量记录，这里的变量就是下面重复循环的次数。

根据上面的分析，规划本任务的流程，如图10.2所示。

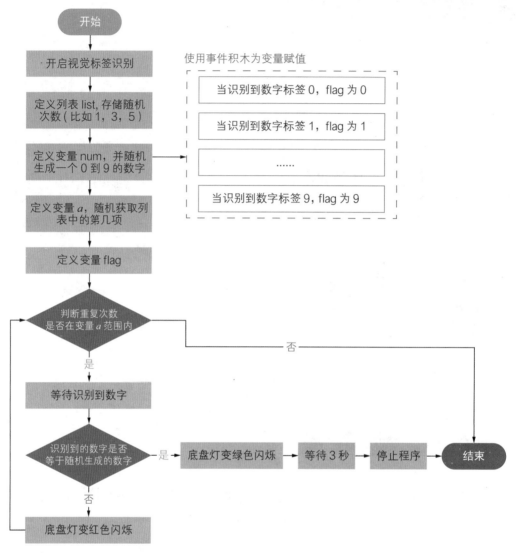

图10.2　流程图

编程实现

根据图10.2规划的流程，编写本课任务的代码，如图10.3所示。

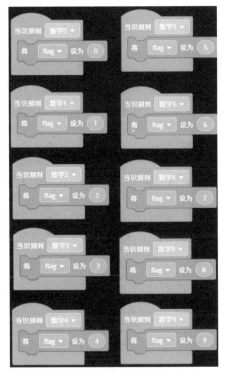
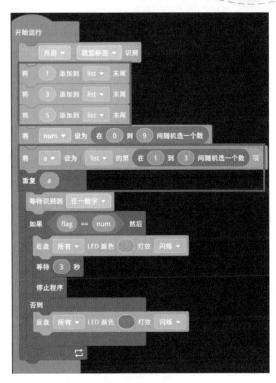

图10.3 无人车"猜数字游戏（升级版）"任务代码

测试程序

编写完程序后，使用计算机 📺 通过 WiFi 连接上无人车 🚙，单击编程工具 ℞ 中的 ▶ 按钮运行程序，然后将你想猜的数字对应标签 🏷 放到无人车正前方，看看你能否在限定的次数内猜中随机数字。运行效果如图10.4所示，可以使用手机扫描本课二维码查看本程序的动态效果。

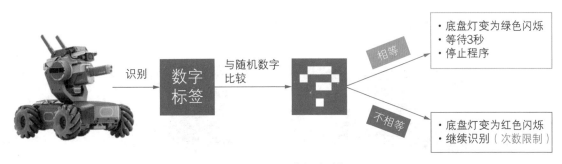

图10.4 程序运行效果

什么是列表

在实现本课任务中记录"限制猜的次数"时，我们使用了**列表**，那么，什么是列表呢？列表又有什么作用呢？

说明

Scratch编程中的列表是可以一次性存放很多变量的一个"容器"，通过列表可以方便地查找、提取数据等。

生活中随处可见使用列表的例子，比如，听歌时用的歌曲列表、摆放东西的柜子等，如图10.5所示。

图10.5　列表举例

创建列表

在无人车编程工具中创建列表的步骤主要分为4步，分别如下：

第1步 使用鼠标左键 单击左侧"数据对象" ；

第2步 使用鼠标左键 单击"创建一个列表"；

第3步 在弹出的"新列表名称"中输入列表的名称；

第4步 单击"确认"按钮。

创建列表的过程如图10.6所示。

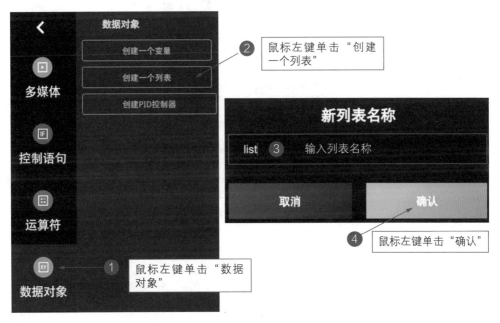

图10.6 创建列表的过程

说明

列表名称需要以下划线或字母开头，并且只能包含数字、大小写字母和下划线。

创建完一个**列表**后，会自动在无人车编程工具的"数据对象"模块 中出现这个列表，并且会自动添加列表操作相关的积木，如图10.7所示。

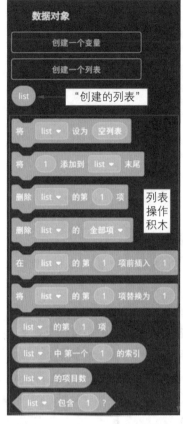

图10.7　创建的列表积木

列表的使用

列表在使用时，首先需要向里面存储值。在列表中存储值可以使用如图10.8和图10.9所示的积木，其中，图10.8用来向列表的末尾添加一个值，而图10.9是在列表中的指定位置插入一个值。

图10.8　向列表的末尾添加一个值

图10.9　在列表中的指定位置插入一个值

例如，本课任务中向列表中添加"限制猜的次数"，代码如图10.10所示。

图10.10 向列表中添加"限制猜的次数"

在列表中存储完数据之后，使用图10.7中的相应积木即可对列表进行查找、删除、获取信息等操作。

随机获取列表中的项

本课任务中，游戏难度是**随机**的，即随机从列表中选择最多能够猜的次数。要从列表中随机获取项，需要将"获取列表中第几项"积木（图10.11）和"随机数"积木（图10.12）结合使用。

图10.11 "获取列表中第几项"积木

图10.12 "随机数"积木

要随机获取列表中的某一项，只需要将**随机数**积木拖放到 ![list的第1项] 积木的椭圆形区域中即可，如图10.13所示。

图10.13 随机获取列表中的某一项

由于本课任务的list列表中只有3项，所以在图10.13中设置随机数范围时，设置成了"1到3"。

本课任务中，由于在实现猜数字次数的循环中需要使用从列表中获取出来的值，因此使用一个变量记录图10.13代码中获取到的值，代码如图10.14所示。

图10.14　使用变量记录从列表中随机获取到的值

使用无人车 ![](模拟设计一个"石头剪子布"游戏，其中，使用数字 ⓪ 代表石头，数字 1 代表剪刀，数字 7 代表布。设计程序时，将这3个数字存储到**列表**中，然后每次**随机**抽取一个，接下来，用识别到的数字标签与随机抽取的数字进行比较，以通过改变底盘灯的颜色代表谁胜利，比如，石头（数字 ⓪ ）胜利，底盘灯显示绿色 ⬤ ；剪刀（数字 1 ）胜利，底盘灯显示蓝色 ⬤ ；布（数字 7 ）胜利，底盘灯显示紫色 ⬤ ；平局时，底盘灯显示红色 ⬤ ，如图10.15所示。（提示：需要借助运算符模块中比较大小关系的积木实现。）

图10.15　挑战任务示意图

知识卡片

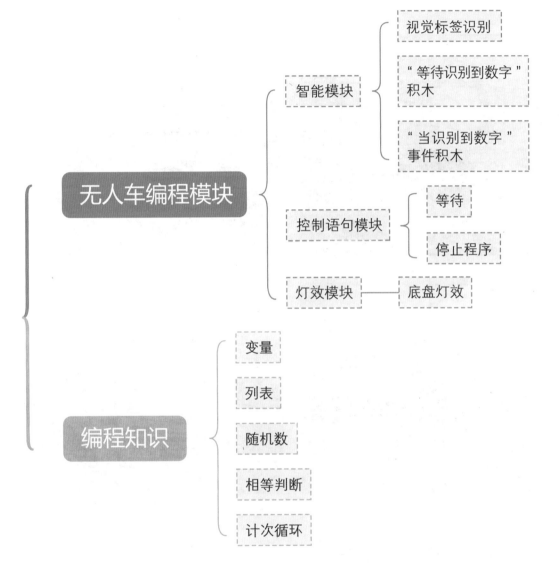

无人车编程模块
- 智能模块
  - 视觉标签识别
  - "等待识别到数字"积木
  - "当识别到数字"事件积木
- 控制语句模块
  - 等待
  - 停止程序
- 灯效模块
  - 底盘灯效

编程知识
- 变量
- 列表
- 随机数
- 相等判断
- 计次循环

91

无人驾驶（上）

 本课学习目标

◆ 熟悉什么是无人驾驶。

◆ 熟悉无人车实现无人驾驶使用的积木。

◆ 了解切线角的概念。

扫描二维码
获取本书资源

无人驾驶技术在我们的生活中已经越来越普及，如国内最早布局无人驾驶汽车的百度 **apollo** 已经在很多城市、园区开始运营，如图 11.1 所示。大疆无人车 ![car] 同样可以通过摄像头识别线 ━━ 技术来模拟无人驾驶。本课将学习无人驾驶技术的原理，分析大疆无人车 ![car] 如何实现**无人驾驶**。

图 11.1　现实中的无人驾驶汽车

规划流程

根据上面的任务探秘分析，本课主要探究无人车实现**无人驾驶**的原理，这主要通过识别线 ━━ 实现，因此需要开启线识别，并设置线识别的颜色。另外，由于实现的是无人驾驶，因此要求必须先识别再前进，所以整机运动模式应该是底盘跟随云台。而摄像头 ![camera] 必须能够识别到无人车行驶线路上的标线 ━━ ，所以云台要向下旋转 ↓，以便能够识别到更近的距离。设置完初始内容后，需要使用一个**列表**记录识别到的线信息。根据上面的分析，规划本任务的流程，如图11.2所示。

图11.2　流程图

编程实现

　　根据图11.2规划的流程，编写本课任务的代码，如图11.3所示。

测试程序

　　编写完程序后，使用计算机通过WiFi连接上无人车，确保在无人车"视线"范围内有

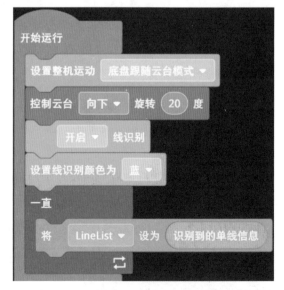

图11.3　获取无人车识别到的线信息

类似图11.4所示的蓝色线条，单击编程工具 ![R] 中的 ![▶] 按钮运行程序，在无人车编程工具的 FPV 视图中查看列表数据，如图11.5所示。（提示：可以使用手机扫描本课二维码查看本程序的动态效果。）

图11.4　在无人车"视线"范围内摆放类似蓝色线条

LineList			长度：42 ∨
1	10	2	1
3	0.5625	4	0.816667
5	-32.975273	6	0
7	0.528125	8	0.761111
9	-17.107925	10	0.528912
11	0.509375	12	0.705556
13	1.199738	14	0.622009
15	0.509375	16	0.644444
17	1.199738	18	0.013822

图11.5　程序运行时FPV中列表的实时数据

小知识

　　FPV是英文First Person View的缩写，即"第一人称主视角"，它是一种基于遥控模型或者车辆模型上加装无线摄像头回传设备，在地面看屏幕操控模型的新玩法。

认识无人驾驶

无人驾驶汽车又称自动驾驶汽车、电脑驾驶汽车或轮式移动机器人，是一种通过电脑系统实现**无人驾驶**的智能汽车。随着人工智能技术的快速发展，无人驾驶在这几年变得非常流行，那么，**无人驾驶**是如何让汽车保持在车道内的呢？

人在开车🚗时是通过眼睛去观察前方的道路情况的，而无人驾驶汽车同样有自己的"眼睛"，就是摄像头🎦。它通过摄像头获取到车道的信息，并通过雷达📡等设备识别周边的车辆🚗和障碍物🚧，如图11.6所示。

图11.6　现实中的无人驾驶

说明

大疆无人车同样可以使用摄像头识别线，可以检测的线的宽度为15毫米到25毫米，并能够根据识别到的线信息实现模拟无人驾驶的功能。

无人车如何识别线

在无人车编程工具的智能模块 中提供了线识别相关的积木，使用无人车的线识别功能时，首先需要开启线识别和设置线识别的颜色，它们分别使用如图11.7和图11.8所示的积木实现。

图11.7　开启线识别积木　　　　图11.8　设置线识别颜色积木

无人车可以识别的线颜色有 3 种，如图11.9所示，默认为蓝色 。

图11.9　无人车可以识别的线颜色

解析识别到的线信息

开启线识别功能后，当无人车 识别到相应颜色的线 时，可以使用如图11.10和图11.11所示积木获取识别到的线信息。

图11.10和图11.11所示积木分别用来获取无人车识别到的单线 和多线 信息，使用它们获取到的信息是一个**列表**，因此在设计程序时，需要创建列表来存储识别到的线信息。在积木区中，可

图11.10　获取识别到的单线信息　　　图11.11　获取识别到的多线信息

以看到这两个积木分别获取到的线信息中都包含哪些数据，如图11.12和图11.13所示。

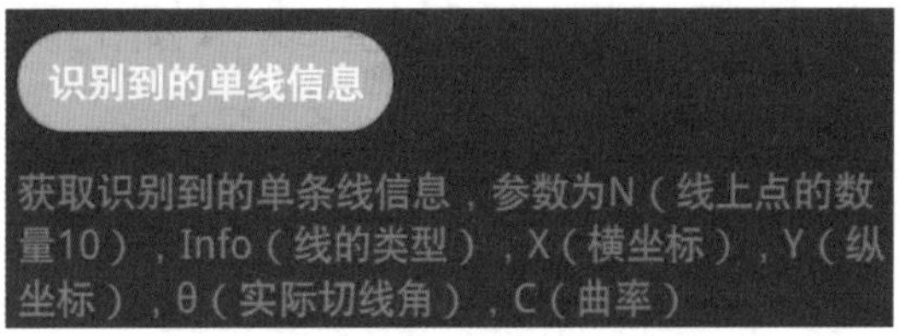

识别到的单线信息

获取识别到的单条线信息，参数为N（线上点的数量10），Info（线的类型），X（横坐标），Y（纵坐标），θ（实际切线角），C（曲率）

图11.12 单线信息中的数据

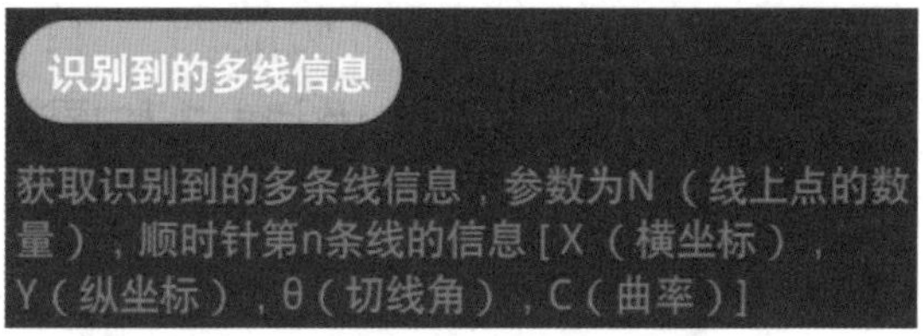

识别到的多线信息

获取识别到的多条线信息，参数为N（线上点的数量），顺时针第n条线的信息 [X（横坐标），Y（纵坐标），θ（切线角），C（曲率）]

图11.13 多线信息中的数据

例如，本课任务中识别到的单线信息中，一共识别到 42 个值，其中，第 1 个值表示识别到的线上的点，第 2 个值表示识别到的线的类型，这里的1表示单线，后面的数据中，每 4 个值为一组，分别表示线上的点的横坐标、纵坐标、切线角和曲率，如图11.14所示。

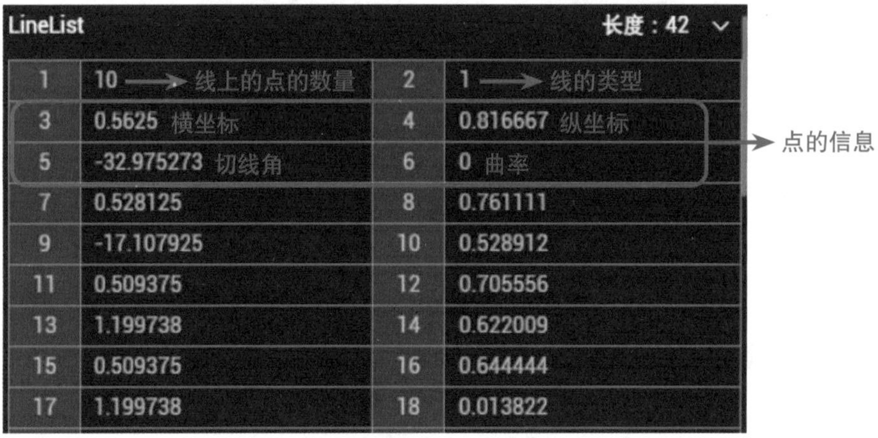

LineList			长度：42 ∨
1	10 ⟶ 线上的点的数量	2	1 ⟶ 线的类型
3	0.5625 横坐标	4	0.816667 纵坐标
5	-32.975273 切线角	6	0 曲率
7	0.528125	8	0.761111
9	-17.107925	10	0.528912
11	0.509375	12	0.705556
13	1.199738	14	0.622009
15	0.509375	16	0.644444
17	1.199738	18	0.013822

⟶ 点的信息

图11.14 无人车可以识别到的单线信息

小知识

切线角是指线上的某点的切线方向与参考方向的夹角，在控制无人车运动时，X轴方向控制左右运动，Y轴方向控制前后运动，因此，无人车运动时的切线角指的是线上的某点的切线方向与Y轴方向的夹角，如图11.15所示。在实际操作时，转弯越急，实际切线角越大，而云台旋转的角度为切线角乘以0.3，通过这个公式，我们将无人车设置为底盘跟随云台模式后，就可以使无人车的方向一直跟随着线的方向前进。

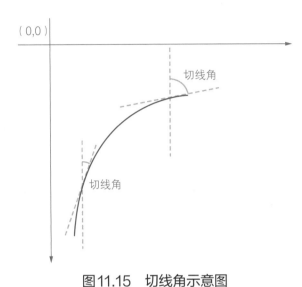

图11.15　切线角示意图

说明

0.3是云台旋转角度的一个参考系数,可根据实际情况进行微调。

挑战空间

在地面上摆放一条红色曲线 ⌒ ,让无人车 🚗 识别红色曲线上的点,查看可以识别到多少个点,并分析每个点对应的横坐标、纵坐标、切线角和曲率(见图11.16)。(提示:需要设置线识别的颜色为红色。)

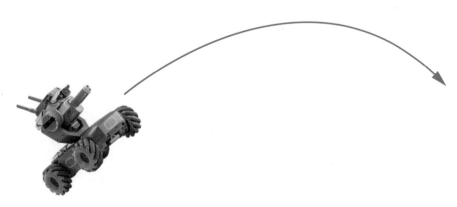

图11.16　挑战任务示意图

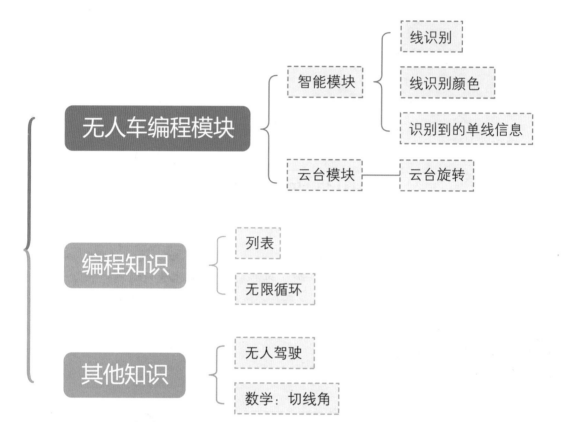

无人车编程模块
- 智能模块
  - 线识别
  - 线识别颜色
  - 识别到的单线信息
- 云台模块
  - 云台旋转

编程知识
- 列表
- 无限循环

其他知识
- 无人驾驶
- 数学：切线角

无人驾驶（下）

 ## 本课学习目标

◆ 能够使用线识别技术实现基本的无人驾驶功能。

◆ 学会判断是否识别到单线信息。

◆ 如何控制云台的旋转方向。

扫描二维码
获取本书资源

任务探秘

本课的任务要求使用线识别技术，编程控制无人车按照如图12.1所示红色标线━━行驶。

图12.1　本课无人驾驶线路图

规划流程

根据上面的任务探秘，结合第11课中所讲内容，首先对程序实现流程进行分析。

说明

（1）首先应该将无人车的整机运动模式设置为底盘跟随云台，并设置云台角度向下。

（2）开启线识别功能，并设置线识别颜色为红色。

（3）创建一个列表，实时记录识别到的线信息。

（4）判断是否能够识别到线上的10个点，如果是，则选取其中一个点的信息作为无人车行驶的参照点，根据获得的信息控制云台和底盘运动。

（5）如果没有识别到线上的10个点，则底盘停止运动。

根据上面的分析，规划本任务的流程，如图12.2所示。

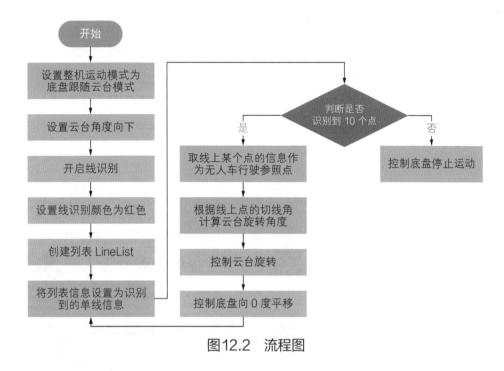

图12.2 流程图

编程实现

根据图12.2规划的流程，编写本课任务的代码，如图12.3所示。

图12.3 无人车模拟无人驾驶程序代码

（1）为什么程序中判断是否识别到线上的10个点时，判断的是"LineList的项目数等于42"？

（2）图12.3中的"LineList的第5项"表示的是线上的第几个点？

测试程序

编写完程序后，在空旷的场地布置如图12.4所示的地图，并将无人车摆放到地图上的指定位置。使用计算机通过 WiFi 连接上无人车，单击编程工具 R 中的 ▶ 按钮运行程序，观察无人车的运行轨迹。（提示：可以使用手机扫描本课二维码查看本程序的动态效果。）

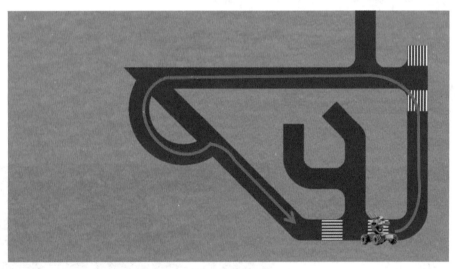

图12.4 无人驾驶程序运行效果

优化程序

观察图12.3所示程序的运行结果，发现无人车有时会偏离线路，这主要是因为无人车的默认速率为 0.5米/秒 ，相对速率比较快造成的，因此要使无人车能够精准地按照红色线路行驶，有两种方法：一种是控制无人车的速率，如图12.5所示；另一种是将巡线行驶时使用的参照点数据设置得远一些，如图12.6所示。

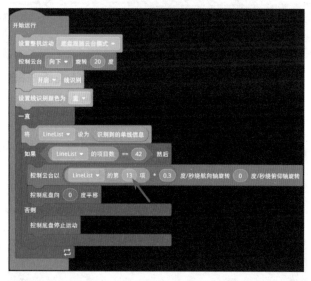

图12.5　通过控制无人车速率校正无人车行驶方向

图12.6　通过选择线路上远一些的点作为参照物校正无人车行驶方向

学习秘籍

判断是否识别到单线信息

无人车在识别到单线信息时，可以使用**列表**记录识别到的信息。

: 识别的信息是否能够满足无人车无人驾驶的条件呢?

: 通过第11课的学习我们知道无人车在识别线▬▬▬时,会识别到线上的⑩个点,而识别出来的线信息中,前两个值代表线上点的数量和类型,后面每④个值为一组,表示每个点的信息,通过这个规律可以得出:每个存储线信息的列表中正常应该是㊷个值,因此,要判断识别到的线信息是否能够满足无人驾驶的条件,只需要判断存储线信息的列表中的项目数是否等于42即可,代码如图12.7所示。

图12.7 判断识别到的线信息是否满足无人驾驶条件代码

技巧

另外,也可以通过判断列表的第二项是否为10,来确定识别到的线信息是否满足无人驾驶条件,如图12.8所示。

图12.8 判断列表第二项的值是否为10的条件

无人驾驶中控制云台方向

无人车 🤖 模拟**无人驾驶**时,最主要的是通过云台上的摄像头 📷 识别线路,并控制云台 ↪ 按照识别到的线路位置调整角度,同时控制底盘 🎮 跟随云台 ↪ 方向,然后前进,因此,这里的关键点就是如何控制云台按照识别到的线路位置调整角度。

使用如图12.9所示的积木可以控制云台的角度，其中第一个30是默认的绕**航向轴**旋转的角度，第二个30是默认的绕**俯仰轴**旋转的角度。

图12.9 控制云台角度的积木

在实现无人驾驶功能时，无人车的云台是不需要绕俯仰轴旋转的，因此将图12.9中的第二个30处设置为 0 即可，这里最关键的是控制云台绕**航向轴**旋转的角度，该角度可以使用识别到的点的切线角乘以0.3获得，这里需要用到"运算符"模块中的乘法计算积木，如图12.10所示。

图12.10 计算云台绕航向轴的旋转角度

小提示

图12.10中选取列表中的第5项，表示线上的第一个点的切线角，如果无人车的速度比较快，建议选取稍远一些的点。

计算得到无人车云台绕航向轴旋转的角度后，将其填入图12.9中的第❶个30位置处即可，如图12.11所示。

图12.11 无人驾驶中控制云台方向的代码

挑战空间

在下面地图的"无人车" 到"明日之星" 之间的线路上摆

放标线 ▬▬▬（红或蓝或绿），使用线识别技术，控制无人车  准确
到达"明日之星" ，如图12.12所示。

图12.12　挑战任务示意图

知识卡片

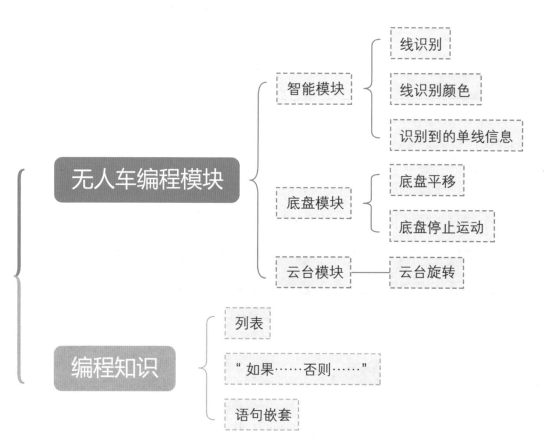

明日之星教研中心　编著

孩子们的编程书

Scratch 编程入门 无人车 上

化学工业出版社
·北京·

内容简介

本书是"孩子们的编程书"系列里的《Scratch编程入门：无人车》分册。本系列图书共分6级，每级两个分册，书中内容结合孩子的学习特点，从编程思维启蒙开始，逐渐过渡到Scratch图形化编程，最后到Python编程，通过简单有趣的案例，循序渐进地培养和提升孩子的数学思维和编程思维。本系列图书内容注重编程思维与多学科融合，旨在通过探究场景式软件、游戏开发应用，全面提升孩子分析问题、解决问题的能力，并可以养成良好的学习习惯，提高自身的学习能力。

《Scratch编程入门：无人车》基于大疆机甲大师无人车+Scratch图形化编程语言编写而成，分为上、下两册：上册共12课，以无人车完成各种实践任务为线索，引导学生了解无人车编程和Scratch编程，培养孩子们的编程思维和创新意识；下册共12课，以无人车+人工智能应用引导学生接触、感知人工智能技术，并通过实际生活或者学习中的应用，熟悉人工智能技术的实际应用价值。全书共24课，每课均以一个完整的作品制作为例展开讲解，让孩子们边玩边学，同时结合思维导图的形式，启发和引导孩子们去思考和创造。

本书采用全彩印刷+全程图解的方式展现，每节课均配有微课教学视频，还提供所有实例的源程序、素材，扫描书中二维码即可轻松获取相应的学习资源，大大提高学习效率。

本书特别适合中小学生进行图形化编程初学使用，适合完全没有接触过编程的家长和小朋友一起阅读。对从事编程教育的教师来说，这也是一本非常好的教程，同时也可以作为中小学兴趣班以及相关培训机构的教学用书；另外，本书也可以作为全国青少年编程能力等级测试的参考教程。

图书在版编目（CIP）数据

Scratch编程入门：无人车：上、下册 / 明日之星
教研中心编著. —北京：化学工业出版社，2022.11
  ISBN 978-7-122-42097-8

Ⅰ.① S… Ⅱ.① 明… Ⅲ.① 程序设计–青少年读物
Ⅳ.① TP311.1–49

中国版本图书馆CIP数据核字（2022）第163151号

责任编辑：周　红　曾　越　雷桐辉　　　装帧设计：水长流文化
责任校对：李　爽

出版发行：化学工业出版社（北京市东城区青年湖南街13号　邮政编码100011）
印　　装：河北京平诚乾印刷有限公司
787mm×1092mm　1/16　印张15$\frac{1}{4}$　字数208千字　2023年3月北京第1版第1次印刷

购书咨询：010-64518888　　　　　　售后服务：010-64518899
网　　址：http://www.cip.com.cn
凡购买本书，如有缺损质量问题，本社销售中心负责调换。

定　　价：108.00元（上、下册）

写给孩子们的话

嗨，大家好，我是《Scratch编程入门：无人车》。当你看到这里的时候，说明你已经欣赏过我漂亮的封面了，但在这漂亮封面的里面，其实有更值得你去发现的内容……

认识我的小伙伴

本书中，我的小伙伴们会在每课前面跟大家见面，有博学的精奇博士、喜欢探索的乐乐、来自仙女星系呆萌的卡洛、来自盾牌座UY正义的圆圆、来自木星喜欢创造的木木，以及来自明日之星的智慧的小明。

学习中游戏　游戏中学习

"玩游戏咋那么起劲呢，学习就不能像你玩游戏一样吗？""要是孩子学习像玩游戏一样积极该多好啊！"你们的爸爸妈妈是不是总说类似的话。

本书是以无人车完成任务的方式学习编程的教材，结合多种情景和游戏设计，融合语文、数学、英语、科学等相关知识。有趣的游戏项目能让我们愉快地学习，多学科知识的融合应用能帮助我们提高分析问题、解决问题的能力，使我们以后遇到各种问题时，都能冷静分析解决，战胜各种难题！

漫画引入

每课均从精奇博士、乐乐、卡洛、圆圆、木木和小明之间发生的一系列有趣的故事开始，快点来看看都发生了哪些好玩的事情吧！

任务探秘

　　图2.1是某城市体育场到南湖公园平面路线图。已知平面线路上两地之间的距离为⑳米，车身长㉒米，现要求各小组分别使用无人车🚗快速从体育场到南湖公园，车身需要完全通过南湖公园处的终点线，先到达者获胜。

图2.1　本课任务示意图

规划流程

　　根据前面所学知识，我们知道，无人车底盘每次平移的最大距离为⑤米，因此图2.2中控制底盘向前平移⑳米这个过程是无法实现的。我们可以将其拆分为两步，比如两次分别平移5米和2.3米，或者两次分别平移4米和3.3米，等等。因此，优化图2.2，得出如图2.3所示的流程图。

图2.2　流程图　　图2.3　优化流程图

游戏情景式学习

通过有趣的情景或者游戏引出本课任务，并用流程图形式帮你理清基本思路。

探索实践

编程实现

　　根据图2.3规划的流程，编写无人车比赛任务代码如图2.4所示。

```
开始运行
设置底盘平移速率  2.6  米/秒
控制底盘向  0  度平移  5  米
控制底盘向  0  度平移  2.3  米
```

图2.4　控制无人车按照指定速度向前行进

测试程序

　　编写完成程序后，需要使用计算机🖥通过wifi连接上无人车🚗，然后单击编程工具🅧中的🅡按钮运行程序。假设程序实际运行效果如图2.5所示，则表示图2.5下方的2号无人车获胜。（说明：可以使用手机扫描本课二维码查看本程序的动态效果。）

实践+探索学习方式

打破传统的编程学习方式，本书使用无人车作为载体，通过实践方式引导、探索完成任务，激发主动学习意识和挖掘内在潜力。

挑战无处不在

学习最重要的是"学会"，书中设计的挑战空间栏目，让你勇于挑战自己，并且可以通过知识卡片巩固学到的内容。

挑战空间

　　假设在无人车比赛任务中，各组已经全部完成挑战并分出了胜负。现在各组的无人车🚗走到终点处，思考如何通过编程控制无人车回到起点，如图2.13所示。
　　提示：无人车底盘向0度平移是前进，那么后退应该向多少度平移呢？

图2.13　使无人车回到起点

知识卡片

本书的学习方法

方法1　循序渐进学习，多动手

本书知识按照从易到难的结构编排，所以我们建议从前往后，按照每课中内容循序渐进地学习，并且在学习过程中，一定要多动手实践（本书使用无人车进行实践，但同时也可以在计算机上使用模拟器进行实践，其下载、安装及使用请参见本书附录2或扫描二维码）。

方法2　经常复习，多思考

天才出自勤奋，很少有人能做到过目不忘！只有多温故复习，并且在学习过程中多思考，培养自己的思维能力，久而久之，才能做到"熟能生巧"。

方法3　要有耐心，编程思维并不是一朝形成的

每次学习时间最好控制在40分钟以内，每课可以分为两次学习。编程思维从来不是一朝一夕就能培养起来的，唯有坚持，才有可能成就更好的自己。

方法4　邀请爸爸妈妈一起参与吧

在学习时，邀请爸爸妈妈一起参与其中吧！本书提供了程序运行效果和微课视频，需要配合电子产品使用，这也需要爸爸妈妈的帮助，才能更好地利用这些资源去学习。

要感谢的人

在本书编写过程中，我们征求了全国各地很多优秀教师和教研人员的意见，书稿内容由常年从事信息技术教育的优秀教师审定，全书漫画和图画素材由专业团队绘制，在此表示衷心的感谢。

在编写过程中，我们以科学、严谨的态度，力求精益求精，但疏漏之处在所难免，衷心希望您在使用本书过程中，如发现任何问题或者提出改善性意见，均可与我们联系。

▌微信：明日IT部落

▌企业QQ：4006751066

▌联系电话：400−675−1066、0431−84978981

明日之星教研中心

如何使用本书

本书分上、下册，共24课，每课学习顺序一样，从开篇漫画开始，然后按照任务探秘、规划流程、探索实践、学习秘籍和挑战空间的顺序循序渐进地学习，最后是知识卡片。在学习过程中，如果"探索实践"部分内容有些不理解，可以先继续往后学习，等学习完"学习秘籍"内容后，你就会豁然开朗。学习顺序如下：（无人车编程工具下载与安装请参见上册附录1，无人车模拟器的安装与使用可以参考上册附录2，或扫描二维码）

小勇士，
快来挑战吧！

开篇漫画
知识导引

任务探秘
任务描述
预览任务效果

规划流程
理清思路

探索实践
编程实现
程序测试

学习秘籍
探索知识
学科融合

挑战空间
挑战巅峰

知识卡片
思维导图总结

互动App——一键扫码、互动学习

微课视频——解除困惑、沉浸式学习

资源结构

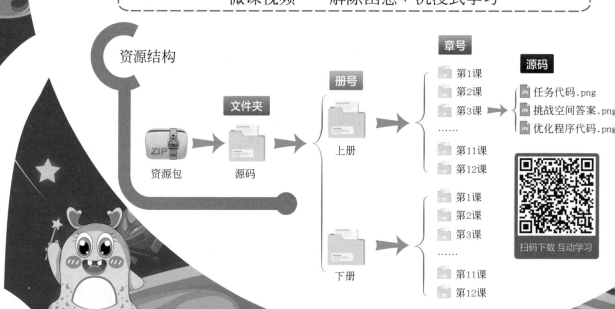

ZIP
资源包

文件夹
源码

册号
上册
下册

章号
第1课
第2课
第3课
……
第11课
第12课

第1课
第2课
第3课
……
第11课
第12课

源码
任务代码.png
挑战空间答案.png
优化程序代码.png

扫码下载 互动学习

一天傍晚，依林小镇东方的森林里出现一个深坑，从造型奇特的飞行器中走出几个外星人，来自外太空的卡洛和他的小伙伴们就这样带着对地球的好奇在小镇生活下来。

卡洛（仙女星系）

关键词：机灵 呆萌

来自距地球254万光年的仙女星系，对地球的一切都很感兴趣，时而聪明，时而呆萌，乐于助人。

圆圆（盾牌座UY）

关键词：正义 可爱

来自一颗巨大的恒星——盾牌座UY，活泼可爱，有点娇气，虽然偶尔在学习上犯小迷糊，但正义感十足。

木木（木星）

关键词：爱创造 憨厚

性格憨厚，总因为抵挡不住美食诱惑而闹笑话，但对于数学难题经常有令人惊讶的新奇解法。

小明（明日之星）

关键词：智慧 乐观

充满智慧，学习能力强，总能让难题迎刃而解。精通编程算法，有很好的数学思维和逻辑思维。平时有点小骄傲。

精奇博士（地球）

关键词：博学 慈爱

行走的"百科全书"，无所不知，喜欢钻研。经常教给小朋友做人的道理和有趣的编程、数学知识。

乐乐（地球）

关键词：爱探索 爱运动

依林小镇的小学生，喜欢天文、地理；爱运动，尤其喜欢玩滑板。从小励志成为一名伟大的科学家。

目录

你好，无人车

地球上日新月异，正在进入人工智能（AI）时代。

咦！卡洛！

乐乐，你这是要去哪啊，这么高兴！

我要带无人车去参加比赛。

无人车比赛？一定很酷吧！

当然，咱们一起去啊……

 本课学习目标

◆ 了解无人车的组成。

◆ 熟悉无人车编程工具。

◆ 通过编程控制无人车。

扫描二维码
获取本书资源

从今天开始，我们将结识一位新朋友来和我们一起学习，这位新朋友就是现在非常流行的无人车，我们来看一下它的名片。

- 英文名字：RoboMaster
- 中名名字：无人车
- 别名：机甲大师
- 籍贯：中国
- 组织：大疆

- 技能：支持图形化编程与Python两种编程语言，让你体验什么是人工智能，培养独立思考的习惯和动手解决问题的能力。

那么，我们要让他完成什么任务呢？

其实，本课的任务非常简单。图1.1是一张街道示意图，假设从左至右（ ➡ ）的距离一共是 5 米，本课的任务是使用计算机编程控制无人车 从左向右（ ➡ ）前进 5 米，如图1.1所示。

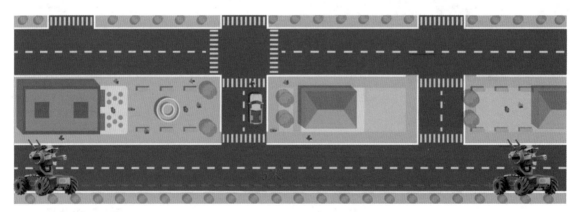

图1.1　本课任务示意图

根据上面的任务探秘，可以得出如图1.2所示的流程图。

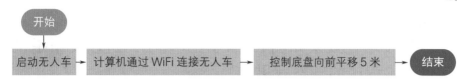

开始 → 启动无人车 → 计算机通过 WiFi 连接无人车 → 控制底盘向前平移 5 米 → 结束

图1.2 流程图

小知识

　　流程即程序的走向或基本设计步骤。在设计程序之前，通常都需要使用标准的图形符号来描述程序的流程走向，这类图被称为流程图或程序框图。

探索实践

编程实现

　　要控制无人车前进 ⑤ 米，需要对其底盘 进行控制。按照"附录1　无人车编程工具下载与安装"中的步骤，在桌面上找到无人车编程工具图标 R ，双击打开，并打开"实验室"中的"我的程序"，新建一个程序，编写代码如图1.3所示。

图1.3 控制无人车前进5米

说明

　　上面代码中的0度和5米可以进行修改。其中，0度是一个角度，表示当前的方向，而角度是一个数学概念，它表示的是两条相交直线中的任何一条与另一条相叠合时需要转动的量，单位是度；5米表示移动的距离。

测试程序

　　编写完程序后，需要使用计算机 🖥 通过 wiFi🛜 连接上无人车🏎，然后单击编程工具中的⏵按钮运行程序，检测编写的程序是否能够正常运行。程序运行效果如图1.4所示。（说明：可以使用手机扫描本课二维码查看本程序的动态效果。）

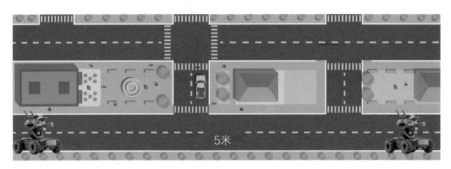

图1.4　程序运行效果

　　如果没有无人车，可以参考"附录2　无人车模拟器的安装与使用"中的步骤，在自己电脑上下载安装大疆教育平台，在"我的程序"中创建程序，并按照"编程实现"中的程序编写代码，通过无人车模拟器模拟运行，查看效果；如果程序中涉及智能识别相关功能，需要在模拟器中选择"人工智能普及系列"中的相应场景。

学习秘籍

认识无人车

　　通常我们说的无人车是指自动驾驶汽车（Autonomous vehicles；Self-driving automobile），又称无人驾驶汽车、计算机驾驶汽车或轮式移动机器人，它是一种通过计算机系统实现无人驾驶的智能汽车。

　　而机甲大师是大疆 *dji* 秉承寓教于乐的设计理念，推出的一款教育无人车，通过对机甲大师🤖编程，我们可以为其打造独门绝技，在挑战对手的过程中收获知识，超越自我，玩出名堂！本课程将全程使用机甲大师无人车（以下简称无人车）进行各种任务的闯关、SCRATCH 的学习。

机甲大师无人车由上百个零件拼装而成，主要分为以下两个部分：

云台：无人车的智能中控，相当于人的大脑🧠。

底盘：无人车的驱动机构，可以旋转和移动，相当于人的腿脚🦵。无人车的组成如图1.5所示。

图1.5　无人车的组成

无人车🚗启动，并通过WiFi📶与计算机连接后，可以遥控无人车，也可以通过编程控制无人车，两者的区别是，如果遥控无人车，需要操作人员有良好的操控技术，对控制技术要求比较高；而通过编程控制无人车，只要设计好程序，无人车🚗即可按照设计好的程序执行，精准度更高。那么，什么是编程呢？

小知识

WiFi是一种允许电子设备连接到一个无线局域网（WLAN）的技术。

编程即**编写程序**，它本质上是人指挥计算机💻完成工作的一个过程，比如我们平时用的微信、玩的网络游戏等都是通过编程实现的。

本教材中的无人车编程主要通过SCRATCH图形化编程实现。SCRATCH编程有多种形式，它泛指的是图形化的编程方式，像我们常见的SCRATCH编程平台（图1.6）、大疆无人车编程（图1.7）等，都属于 SCRATCH 编程。

图1.6　Scratch编程平台

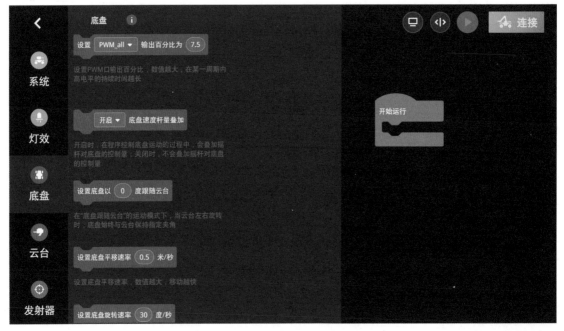

图1.7　大疆无人车编程

通过编程控制无人车

  为了方便记忆以及以后的学习，我们这里将无人车编程工具分成了3个区域，分别为积木区、编程区和功能区，如图1.8所示。

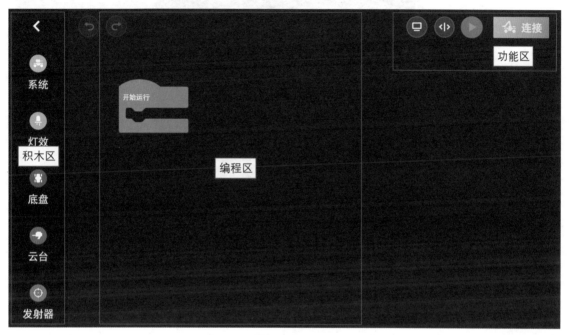

图1.8 无人车编程区域划分

  通过编程控制无人车，主要是将积木区中的编程模块拖放到编程区，并按照规划的流程拼接搭建起来。本课的任务是让无人车★向前进，因此我们需要控制无人车的底盘◉。首先在无人车编程工具的"实验室"中新建一个程序，找到积木区的"底盘"模块，如图1.9所示。

图1.9 "底盘"模块

  用鼠标左键单击"底盘"模块，可以看到其中包含了很多的积木块（通过滚动鼠标滑轮可以查看所有底盘积木块），要控制底盘◉向前进，只需要找到"底盘"模块中的 控制底盘向 0 度平移 1 米 ，并将其拖放到编程区的 中，如图1.10和图1.11所示。

图1.10 "底盘"模块中的"控制底盘向0度平移1米"积木块

图1.11 将相应积木块放到编程区的"开始运行"中

这时连接无人车，并单击编程工具右上角的 ▶ 按钮，即可控制无人车向前行进❶米。如果要改变无人车的前进距离，可以使用鼠标左键 单击表示距离的数字"1"，如图1.12所示。

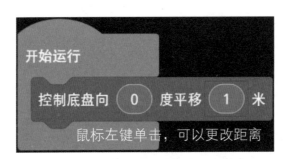

图1.12 使用鼠标左键单击表示距离的数字

在弹出的"平移距离"对话框中输入要平移的距离，如图1.13所示。这里需要注意的是，平移距离每次最大为❺米，如果要平移的距离超过❺米，可以多次使用图1.12中的模块。

通过鼠标单击此处，可以输入距离

单击"确认"按钮，确认输入的距离

图1.13　修改平移距离

修改平移距离后的效果如图1.14所示。这时连接无人车，并单击编程工具右上角的 按钮，即可控制无人车向前行进 5 米。

图1.14　修改平移距离后的效果

技巧

在编写控制无人车程序时，如果需要删除已经添加的积木块，只需要用鼠标左键按住编程区已经添加的积木块，然后将其拖放到左侧变红的区域即可，如图1.15所示；也可以直接使用鼠标右键单击要删除的积木块，在弹出的快捷菜单中直接单击"删除模块"，如图1.16所示。

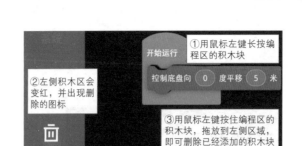

图1.15 使用拖放方式删除积木块

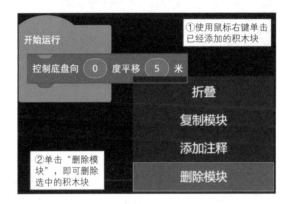

图1.16 通过右键快捷方式删除积木块

挑战空间

图1.17是一个游乐园的平面图，在图中无人车正前方**7**米的地方有一个宝箱，请控制无人车到达宝箱所在地点。

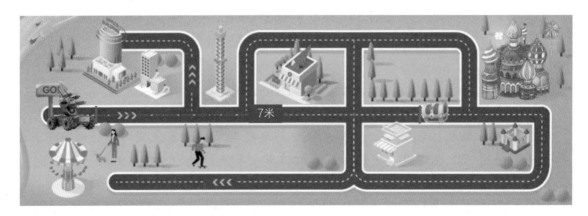

图1.17 挑战任务示意图

无人车知识 {
- 组成
- 操作

无人车编程模块 {
- 无人车编程软件
- 底盘模块 —— 底盘平移

编程知识 —— 编程概念

第2课

无人车比赛

 本课学习目标

◆ 掌握如何设置无人车的速率。

◆ 熟悉顺序结构。

◆ 熟悉小数的使用。

扫描二维码
获取本书资源

图2.1是某城市体育场到南湖公园平面路线图。已知平面线路上两地之间的距离为**7**米，车身长**0.3**米，现要求各小组分别使用无人车🚗快速从体育场到南湖公园，车身需要完全通过南湖公园处的终点线，先到达者获胜。

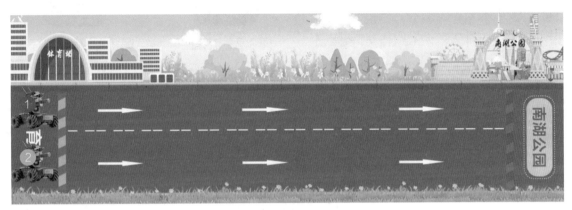

图2.1 本课任务示意图

规划流程

根据上面的任务探秘分析，因为是比赛类任务，所以首先需要设置速率，然后计算无人车🚗的前进距离。从任务题目我们知道，车身需要完全通过南湖公园处的终点线，因此，无人车的实际距离应该是两地距离**+**车身的长度，因此得出无人车的前进距离应该是**7.3**米。

> 速率是物理学中的一个概念，用来表示物体运动的快慢，它指的是路程与时间的比值，例如，无人车的默认平移速率是0.5米/秒，表示每1秒移动0.5米。

从上面的分析，我们可以得出如图2.2所示的流程图。

根据前面所学知识，我们知道，无人车底盘每次平移的最大距离为5米，因此图2.2中控制底盘向前平移7.3米这个过程是无法实现的。我们可以将其拆分为两步，比如两次分别平移5米和2.3米，或者两次分别平移4米和3.3米，等等。因此，优化图2.2，得出如图2.3所示的流程图。

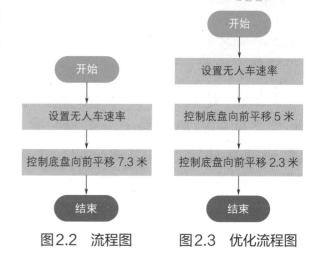

图2.2　流程图　　图2.3　优化流程图

探索实践

编程实现

根据图2.3规划的流程，编写无人车比赛任务代码如图2.4所示。

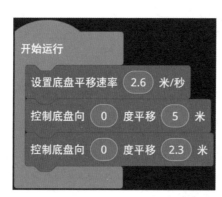

图2.4　控制无人车按照指定速度向前行进

测试程序

编写完程序后，需要使用计算机💻通过WiFi连接上无人车🏎，然后单击编程工具 R 中的 ▷ 按钮运行程序。假设程序实际运行效果如图2.5所示，则表示图2.5下方的2号无人车获胜。（说明：可以使用手机扫描本课二维码查看本程序的动态效果。）

图2.5　程序运行效果

如何让无人车更快地移动

在比赛挑战任务中有一项很重要的参数，即无人车的平移速率，在无人车编程工具的"底盘"编程模块中提供了"设置底盘平移速率"的积木，如图2.6所示。

图2.6　设置无人车平移速率积木

从图2.6可以看出，无人车的底盘平移速率默认为0.5米/秒，但我们可以使用鼠标单击"0.5"这个数字，对其进行修改，修改的范围在0—3.5，如图2.7所示。

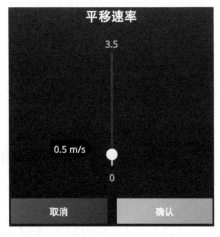

图2.7　修改无人车的平移速率

顺序结构

前面我们已经学习了如何修改无人车🚗的平移速率和控制无人车向前移动，因此，在完成无人车比赛任务时，只需要将这两个积木块加➕在一起。但在完成任务之前，我们先来看图2.8和图2.9，想一想这两张图有什么区别？使用它们控制的无人车移动效果会一样吗？

图2.8　控制无人车平移速率和距离1

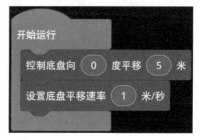

图2.9　控制无人车平移速率和距离2

观察图2.8和图2.9，它们使用的积木块是一样的，只是两者的摆放顺序不一样，分别运行这两个程序，会发现：使用图2.8中程序控制的无人车移动速度会比图2.9更快！为什么呢？这就是编程中的**顺序结构**引起的。

顺序结构是编程中的一种基本结构，它是一种自上而下、依次执行的程序结构，它的基本执行流程如图2.10所示。

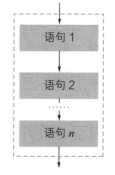

图2.10　顺序结构执行流程

 说明

了解了顺序结构的执行过程之后，我们就可以很清楚地知道为什么图2.8中程序控制的无人车移动速率会比图2.9更快了，因为图2.8中，程序会先执行改变底盘平移速率的积木，然后底盘才开始移动；而图2.9中，底盘会先按照默认速率移动，移动完成后才改变底盘的平移速率。编程中共有3种结构：顺序结构、选择结构、循环结构。选择结构和循环结构会在后面的课程中学习到。

小数的秘密

前面我们在设置无人车的底盘平移速率和前进距离时，看到一种我们没有学过的数字，在两个数字中间有一个点，我们把这种带小数点的数字叫作 小数 ，如图2.11所示。

图2.11 设置底盘平移速率和前进距离时的小数

小数 在我们日常生活中经常遇到，比如我们去超市购物时看到的如图2.12所示的价格标签，等等。小数由3部分组成，分别是小数的整数部分、小数点和小数的小数部分，比如，6.85读作"六点八五"，16.25读作"十六点二五"。

图2.12 价格标签

试一试

下面有一组数字，请依次将它们大声读出来：

5.5

6.79

19.3

87.63

108.7

3.1234567

挑战空间

假设在无人车比赛任务中，各组已经全部完成挑战并分出了胜负。现在各组的无人车走到终点处，思考如何通过编程控制无人车

回到起点，如图2.13所示。

　　提示：无人车底盘向0度平移是前进，那么后退应该向多少度平移呢？

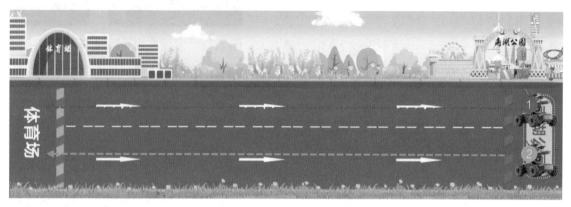

图2.13　使无人车回到起点

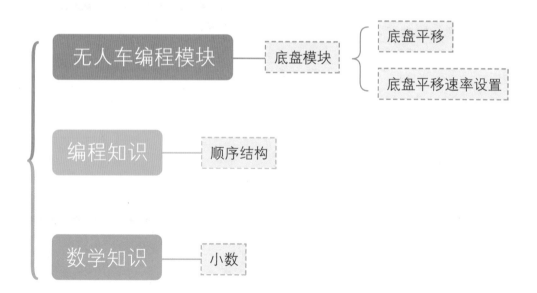

寻宝挑战赛

 本课学习目标

- ◆ 掌握如何控制无人车向不同方向前进。
- ◆ 熟悉角度；了解负数。
- ◆ 记住 "右正左负" 的平移规则。

扫描二维码
获取本书资源

通过之前我们学习的知识，已经可以让无人车🚗向前行进，并能够设置前进的速率，例如，图3.1是一张寻宝图，在无人车🚗的正前方有一个宝物📦，使用前面学过的知识，我们可以轻松完成无人车寻宝的任务，快动手试一试吧！

图3.1　寻宝图1

但现在我们改变了宝物📦的放置位置，将其放到了寻宝图的右下角↴，如图3.2所示，这时再使用前面学过的内容去寻宝，就无法完成了！那么，在图3.2中如何才能让无人车🚗找到宝物📦呢？这就是本节课我们将要挑战的任务。

图3.2　寻宝图2

根据上面的任务探秘分析，要找到宝物 🧰 ，无人车有多条线路，先规划自己的行进线路，这里我们规划出两条寻宝路线，如图3.3所示。

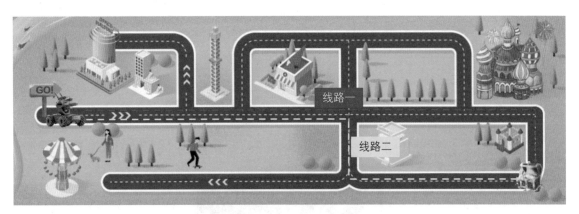

线路一

线路二

图3.3　规划寻宝线路

图3.3规划的两条寻宝线路，距离相近，下面以线路①为例讲解，线路①分为两段：向前行进 ➡ 和向下（右）行进 ⬇，假设向前行进 ➡ 的距离为 ⑤ 米，向下（右）行进 ⬇ 的距离为 ❶ 米，则可以得出如图3.4所示的流程图。

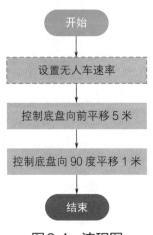

开始

设置无人车速率

控制底盘向前平移 5 米

控制底盘向 90 度平移 1 米

结束

图3.4　流程图

说明

上面图3.4中的"设置无人车速率"使用了虚线框，表示该步骤可选，但为了无人车的行进速率快一些，因此建议设计程序时，修改一下无人车的默认速率。

试一试

自己动手尝试规划一下图3.3中线路二的流程图。

探索实践

编程实现

根据图3.4规划的流程，编写无人车寻宝任务代码如图3.5所示。

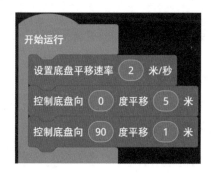

图3.5　控制无人车按照线路一寻宝

测试程序

编写完程序后，需要使用电脑💻通过wifi📶连接上无人车🚗，然后单击编程工具 R 中的 ▶ 按钮运行程序。程序运行效果如图3.6所示。（说明：可以使用手机扫描本课二维码查看本程序的动态效果。）

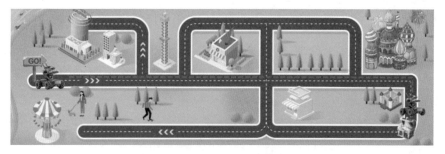

图3.6　程序运行效果

优化程序

在图3.6中，虽然无人车能够找到右下角的宝物，但我们仔细观察，看到无人车底盘还是向前的，我们可不可以在无人车向下（右）平移时，改变底盘的方向呢？答案是肯定的！因此优化程序如图3.7所示。

图3.7　控制无人车按照线路一寻宝（优化）

图3.7中由于底盘在向右平移1米之前已经进行了旋转，即车头已经转到向下（右）了，因此在平移时，选择了默认的0度。

如何改变无人车的平移方向

通过前面的学习我们知道，改变无人车平移方向有两种方法：一种是底盘方向不变，直接向指定方向平移；另一种是改变底盘方向再直行。下面分别介绍这两种方法。

图3.8　设置无人车平移速率积木

底盘方向不变，直接向指定方向平移

在控制无人车底盘平移时，默认是向0度方向平移，如图3.8所示，这里的0度表示向前。

如果要改变无人车的平移方向，可以对该值进行修改，修改方法为：使用鼠标左键单击"0"，弹出"平移方向"窗口，该窗口中默认为0（即蓝色指针位置），可以使用鼠标拖动蓝色指针改变平移的方向，如图3.9所示。

图3.9　改变无人车的平移方向

改变底盘方向再直行

在底盘编程模块 中提供了一个"控制底盘向指定方向旋转多少度"的积木,如图3.10所示,通过该积木,我们可以改变无人车的底盘方向。

图3.10　控制底盘旋转的积木

使用"控制底盘向指定方向旋转多少度"的积木时,默认是"向右"旋转,我们可以使用鼠标左键🖱单击其旁边的 ▼ 图标切换"向左"还是"向右"旋转。另外,还可以使用鼠标左键🖱单击"0"来改变车头的旋转角度。

关于角度

在改变无人车🚗平移方向✛时,我们在图3.9所示的"平移方向"窗口中看到了如图3.11所示的符号,这就是角度的表示符号,读作"0度",类似地,90°读作"90度",360°读作"360度",等等。

0°

图3.11　表示角度的符号

角度是一个数学概念,它可以描述角的大小,即两条相交直线中的任何一条与另一条相叠合时需要转动的量,它的单位是度,符号为"°"。如图3.12所示为一个角。

进行无人车编程时,经常用到的有0度(当前方向前进)、90度(右转)、-90度(左转)、180度或-180度(往相反方向行进)、360度(方向不变)。

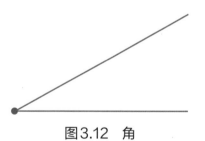

图3.12　角

下面图形中,哪个是角,哪个不是角?

负数的含义

在改变无人车  平移方向➕时，如果我们在"平移方向"窗口中将蓝色指针向左边 ← 拖动，会显示如图3.13所示的数字，即在数字前面加了一个"－"符号，类似这样的数字叫作负数。

图3.13　负角度的表示

负数是一个数学概念，比0小的数叫作负数，负数用负号（相当于减号）"－"和一个正数标记，如−2，任何正数前加上负号便成了负数。在数轴上，负数都在0的左侧，如图3.14所示。

图3.14　负数

控制无人车时，向右 ➡ 平移或者旋转用正数，而向左 ← 平移或旋转用负数。

挑战空间

在图3.3中规划了两种寻宝线路，请尝试设计线路二的流程图，并分别使用改变无人车平移方向的两种方法按照线路二实现寻宝，如图3.15所示。

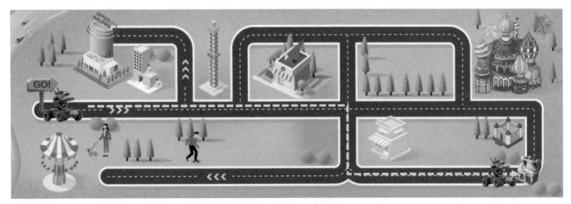

图3.15　寻宝线路二

改变宝物🧰的位置，如图3.16所示，思考并规划无人车 🚗 的寻宝线路，并设计程序，控制无人车找到宝物📦。提示：无人车底盘向90度平移是向下（右），观察这里的宝物在无人车的什么位置，应该设置无人车底盘向哪个方向平移或者旋转呢？

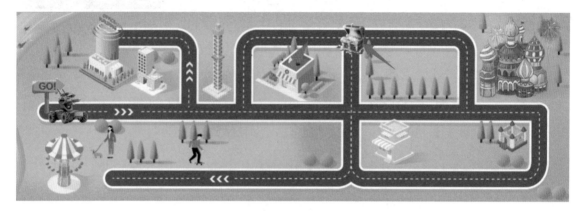

图3.16　改变宝物位置后的示意图

知识卡片

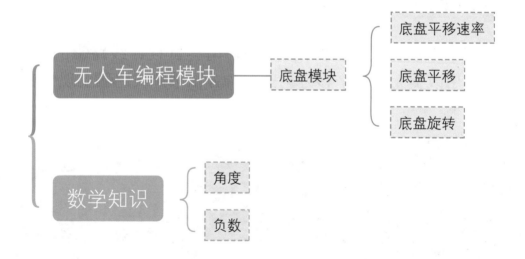

第4课

数学人生

本课学习目标

◆ 巩固底盘控制积木的使用。

◆ 熟悉正方形的特征。

◆ 熟悉循环结构。

◆ 控制无人车走正方形线路。

扫描二维码
获取本书资源

上节课我们学习了控制无人车底盘　向左、向右旋转，本节课的任务是让无人车底盘　走一个边长为　米的正方形□线路，如图4.1所示。

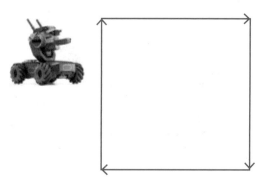

图4.1　无人车走正方形线路

规划流程

根据上面的任务探秘分析，无人车　要走一个边长为　米的正方形线路，需要前进　次　米的距离，并且至少向右旋转　次90度，因此规划本任务的流程如图4.2所示。

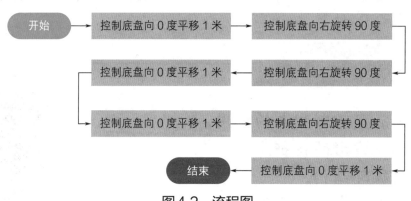

图4.2　流程图

试一试

图4.2的流程图中，无人车 在走正方形线路时，我们对底盘方向 进行了旋转，但通过前面的学习，我们知道，在底盘方向不变的情况，无人车 也可以向指定方向平移，请尝试规划无人车底盘方向 不变情况下的正方形线路流程图。

探索实践

编程实现

根据图4.2规划的流程，编写无人车 走正方形线路□任务代码如图4.3所示。

测试程序

编写完程序后，需要使用计算机 通过 WiFi 连接上无人车 ，然后单击编程工具 中的 按钮运行程序。程序运行效果如图4.4所示。（说明：可以使用手机扫描本课二维码查看本程序的动态效果。）

图4.3 控制无人车走正方形线路代码

图4.4 程序运行效果

优化程序

观察图4.3的程序设计代码和图4.4的运行结果，发现无人车 在走完正方形□线路后并没有回到原始位置，那么如何能够回到原始位置呢？只需要控制无人车 再向右旋转⑨度即可，即代码修改为如图4.5所示。

图4.5　修改后的代码

图4.6　使用循环控制无人车走正方形线路代码

这时观察修改后的图4.5中的代码，发现后面的代码跟前面两行代码是一样的，相当于前面两行代码重复执行了❹次，因此，可以将代码优化为如图4.6所示。

正方形的秘密

正方形是几何中一种特殊的图形，它由❹条边组成，而且每条边都**相等**，另外，正方形的❹个内角都是⑨度，例如，图4.7所示的图形都是正方形。

图4.7　正方形示意图

循环结构

在优化无人车走正方形线路程序时，我们将 控制底盘向 (0) 度平移 (1) 米 和  积木重复执行了 **4** 次，这里的重复执行在编程中有一个专业的术语，叫**循环结构**。

小知识

　　循环结构是指在程序中需要反复执行某个或者某几个积木而设置的一种程序结构，它位于无人车编程工具的"控制语句"模块中。

使用鼠标左键🖱单击无人车编程工具积木区中的"控制语句"模块 🔲，可以看到有很多的积木块，其中，与循环结构相关的积木块一共有3个，分别如图4.8、图4.9和图4.10所示，它们分别对应循环结构的3种形式：**计次循环、无限循环和条件循环**。

图4.8　计次循环

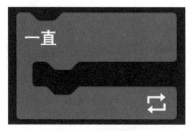

图4.9　无限循环

图4.10　条件循环

本课的无人车走正方形线路任务主要用到了循环结构中的**计次循环**，表示重复运行内部程序若干次，默认为10次，用户可以使用鼠标左键单击表示次数的数字，对其进行修改。计次循环的程序执行流程如图4.11所示。

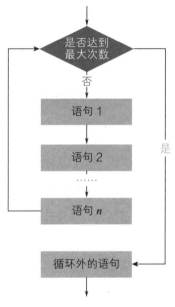

图4.11 计次循环执行流程

说明

计次循环中执行的代码，可以是一条，也可以是多条。

挑战空间

根据本课所学的知识，想一想如何控制无人车🚗走一个"❽"字形线路，请先规划无人车行进线路并设计出流程图，然后设计程序实现。

提示：仔细观察图4.12的"❽"字形线路图，其实上下两个部分相当于两个正方形。

图4.12 8字形线路

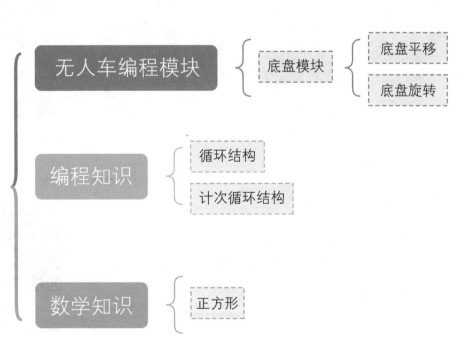

第 5 课

控制大脑

 ## 本课学习目标

◆ 了解云台底盘的 3 种运动模式。

◆ 掌握如何控制云台向不同方向旋转。

◆ 熟悉俯仰轴和航向轴。

扫描二维码
获取本书资源

任务探秘

本课的任务是控制无人车云台在原地实现"摇头晃脑"的效果，要求云台向右旋转➡50度，再向左旋转⬅50度，然后向上旋转⬆35度，再向下旋转⬇20度，效果如图5.1所示。

图5.1 无人车原地"摇头晃脑"

规划流程

根据上面的任务探秘分析，规划本任务的流程如图5.2所示。

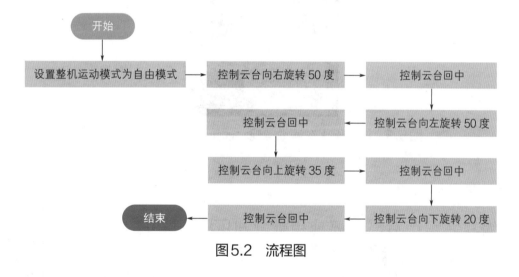

图5.2 流程图

想一想

图5.2中，为什么每次云台向不同方向旋转完成后，需要控制云台回中？

编程实现

根据图5.2规划的流程，编写无人车 🚗 原地实现"摇头晃脑"效果的代码如图5.3所示。

图5.3 控制无人车原地实现"摇头晃脑"效果的代码

测试程序

编写完程序后，需要使用计算机 💻 通过 wifi 连接上无人车 🚗，然后单击编程工具 R 中的 ▶ 按钮运行程序。程序运行效果如图5.4所示。（说明：可以使用手机扫描本课二维码查看本程序的动态效果。）

图5.4 程序运行效果

优化程序

无人车云台除了直接向指定方向旋转外，还可以分别绕其**航向轴**和**俯仰轴**旋转到指定的角度，达到"一步到位"的效果，即不用每次旋转完都回中，然后再去执行其他旋转操作！通过控制云台分别绕其**航向轴**和**俯仰轴**旋转达到"摇头晃脑"效果的代码如图5.5所示。

图5.5　通过控制云台绕航向轴和俯仰轴旋转达到"摇头晃脑"效果的代码

航向轴指的是无人车云台水平方向上的中轴线，俯仰轴是指无人车云台垂直方向上的中轴线。

云台底盘的3种运动模式

无人车🐾在运动时，云台默认是跟随底盘⚙️运动的，如果想单独控制云台，或者让底盘跟随云台运动，就需要设置无人车🐾的整机运动模式。比如，本课中实现的云台"摇头晃脑"效果，本质上就

是单独控制云台进行各种运动。

设置无人车的整机运动模式需要使用系统模块中的积木块，如图5.6和图5.7所示。

图5.6　系统模块　　图5.7　系统模块中设置无人车整机运动模式的积木

将 设置整机运动 云台跟随底盘模式 ▼ 积木块拖放到编程区后，用鼠标单击 云台跟随底盘模式 ▼ ，可以选择整机模式，如图5.8所示。

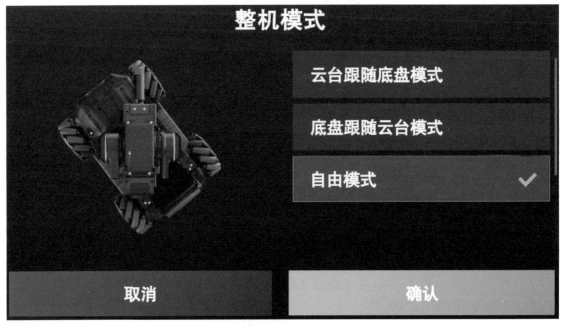

图5.8　选择无人车的整机模式

 说明

无人车提供了3种整机模式：

（1）云台跟随底盘模式：云台始终跟随底盘绕航向轴旋转，这是无人车的默认运动模式。

（2）底盘跟随云台模式：底盘始终跟随云台绕航向轴旋转。

（3）自由模式：云台与底盘运动分离，互不影响。

注意

　　通过编程控制无人车的云台时，一定要将整机运动模式设置为"底盘跟随云台模式"或者"自由模式"。

控制云台旋转

　　在无人车编程工具的云台模块中，提供了控制云台向指定方向旋转的积木块，如图5.9所示。

图5.9　控制云台向指定方向旋转的积木块

　　其中，云台的旋转方向可以设置为"向上↑""向下↓""向左←""向右→" 4个方向，如图5.10所示，默认为"向上"；当控制云台"向上""向下"旋转时，角度的取值范围为0～55度，如图5.11所示；而云台"向左""向右"旋转时，角度的取值范围为0～500度，如图5.12所示。

图5.10　云台可以旋转的方向

图5.11 云台"向上""向下"旋转时角度的取值范围   图5.12 云台"向左""向右"旋转时角度的取值范围

在控制云台旋转时，需要注意的一点是，当云台 旋转到某个方向的指定角度后，再次向其他方向旋转时，是以当前位置作为参照的。比如，云台现在处于中间位置，现在要实现先旋转到左边50度，再旋转到右边50度，正确的代码应该如图5.13所示。

图5.13 云台分别旋转到左右50度时的代码

想一想

分析上面代码，为什么云台需要向右旋转100度才能满足要求呢？因为，第一条语句中，云台已经向左旋转了50度，这时想要旋转到右边50度时，其参考的位置是当前云台所在位置，即左边50度的位置，因此，需要向右旋转100度，才能达到我们想要的效果。

为了解决这个问题，在云台模块 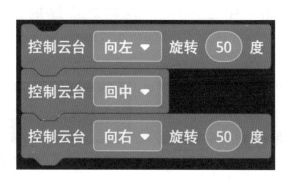 中提供了一个 控制云台 回中 ▾ 积木块，可以使云台回到初始位置。通过使用 控制云台 回中 ▾ 积木块，可以将图5.13所示代码优化为如图5.14所示。

图5.14　使用"控制云台回中"积木块优化云台旋转到左右50度的代码

航向轴和俯仰轴

无人车的云台 除了能够直接向指定方向旋转外，还可以分别绕其**航向轴**和**俯仰轴**旋转到指定的角度。那么，什么是**航向轴**和**俯仰轴**呢？

用人类的脖子来类比云台坐标系，当我们左看、右看时，是脖子绕着"**航向轴**"运动；而当我们低头、抬头时，便是脖子绕着"**俯仰**

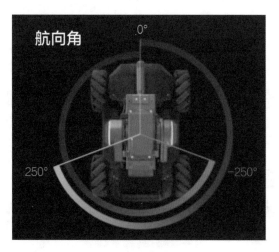

图5.15　航向轴

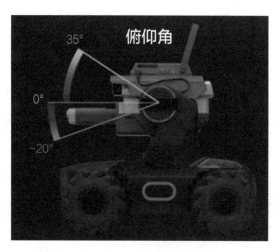

图5.16　俯仰轴

轴"运动。**航向轴**和**俯仰轴**示意图分别如图5.15和图5.16所示。

云台模块中控制云台绕**航向轴**和**俯仰轴**旋转的积木块主要有两个，分别如图5.17和图5.18所示。其中，绕**航向轴**旋转时，角度的取值范围为−250~250度；而绕**俯仰轴**旋转时，角度的取值范围为−20~35度。

图5.17　控制云台绕航向轴旋转积木块

图5.18　控制云台绕俯仰轴旋转积木块

技巧

在云台编程模块中还提供了一个控制云台同时绕航向轴和俯仰轴旋转的积木块，如图5.19所示。

图5.19　控制云台同时绕航向轴和俯仰轴旋转的积木块

挑战空间

挑战1　图5.3中如果不使用"控制云台回中"积木块，应该如何实现云台的"摇头晃脑"效果呢？（注意云台向不同方向旋转时的角度设置）

挑战2　本课中的无人车云台只能"摇头晃脑"❶次，想一想，如果要实现让它多次"摇头晃脑"的效果，比如❺次，该怎么办呢？

无人车编程模块
- 云台模块
  - 云台旋转
  - 云台回中
- 系统模块
  - 整机运动模式

编程知识
- 巩固循环结构

物理知识
- 航向轴
- 俯仰轴

第6课

战争来袭

博士，我这两天上网看到这样一个视频。

这是一个无人车对战的视频。

看着特别炫！

想学？今天我们就让两台无人车互相射击、对战。

本课学习目标

◆ 熟悉无人车发射类模块、装甲板模块。

◆ 熟悉无限循环的使用。

◆ 了解什么是事件。

◆ 扩展选择结构的使用。

扫描二维码
获取本书资源

本课的任务是通过无人车🤖模拟两军对战。具体来说，两车相向而行，并用子弹✳攻击对方，当对方装甲板🛡被击中时，停止前进，并停止发射子弹✳。效果如图6.1所示。

图6.1　无人车对战

根据上面的任务要求，分析如下：

◆ 无人车相向而行：需要控制底盘向前平移。

◆ 用子弹攻击对方：需要控制无人车的发射器◎发射子弹✳。

◆ 判断装甲板是否被击中：需要用到装甲板模块中装甲板🛡是否被击中相关的积木。

◆ 装甲板被击中时停止前进和停止发射子弹：需要控制底盘停止，及发射器◎停止发射子弹✳。

规划流程

根据上面的任务探秘分析，规划本任务的流程如图6.2所示。

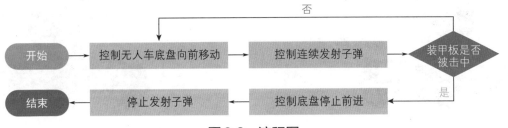

图6.2　流程图

编程实现

根据图6.2规划的流程，编写无人车对战效果的代码如图6.3所示。

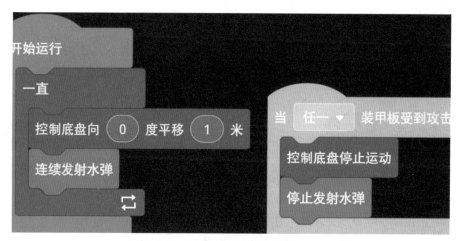

图6.3　控制无人车对战效果的代码

测试程序

编写完程序后，需要分别将两组计算机📺通过📶连接上自己组的无人车🚙，并且将两组无人车🚙"面对面"间隔⑧米摆放，最后两组同时单击编程工具ℝ中的▶按钮开始运行程序。程序运行效果如图6.4所示。（说明：可以使用手机扫描本课二维码查看本程序的动态效果。）

图6.4　程序运行效果

优化程序

在实现无人车对战时，需要判断装甲板  是否被击中。图6.3中通过装甲板事件 进行了判断，但在编程中，有一种特殊的结构可以直接进行判断，即**选择结构**。选择结构积木块位于无人车编程工具的控制语句模块 中，使用选择结构优化无人车对战代码的效果如图6.5所示。

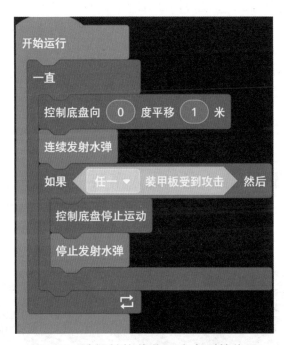

图6.5　选择结构优化无人车对战代码

学习秘籍

发射器和装甲板

在无人车对战任务中有两个关键点：分别是发射子弹 和装甲板 是否被击中。要实现这两个关键功能，分别需要用到无人车编程工具中发射器模块（图6.6）和装甲板模块（图6.7）中的积木，下面分别进行介绍。

发射器

图6.6　发射器模块

装甲板

图6.7　装甲板模块

发射器模块

发射器模块 中包含所有与无人车发射相关的积木，如发射子弹、发射红外线、停止发射子弹和红外线等，本课任务中主要用到 连续发射水弹 和 停止发射水弹 积木。其中，连续发射水弹 积木可以控制发射器连续发射水弹，默认每次可以发射3颗；而 停止发射水弹 积木用来控制发射器停止发射水弹。

装甲板模块

装甲板模块 中包含所有与无人车装甲板相关的积木，包括装甲板是否被子弹或者红外光束击打、装甲板的灵敏度设置等。无人车的装甲板一共有⑥块，其位置分布如图6.8所示。

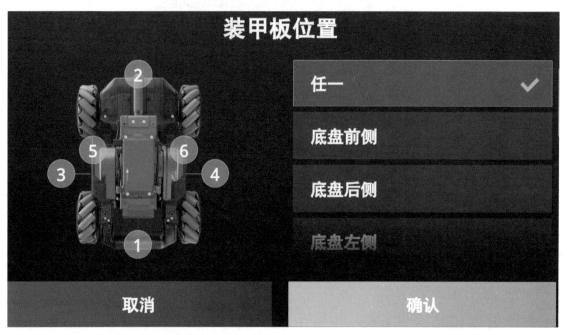

图6.8　无人车装甲板位置分布

检测装甲板是否被攻击，可以使用装甲板模块中的图6.9所示积木实现。

图6.9 "当任一装甲板受到攻击"积木

事件

在Scratch编程中，类似图6.9所示的积木形状，我们将其称为事件。事件是指当检测到某个动作时执行的程序，例如鼠标单击、键盘按下等。再比如，我们在去上学的路上发现忘记佩戴红领巾了，那就赶快返回家里去取，等等。

使用鼠标左键单击图6.9积木块中 任一，可以选择装甲板的位置，默认"任一"表示任意一个装甲板。

一直执行的无限循环

在无人车对战时，当装甲板没有受到攻击时，无人车会一直向前进，并连续发射水弹，这里需要用到**无限循环**，表示持续地重复执行该结构中包含的代码，如图6.10所示。无限循环的程序执行流程如图6.11所示。

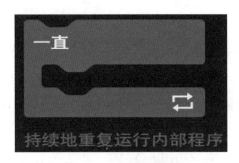

图6.10 无限循环

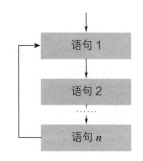

图6.11 无限循环执行流程

选择结构

在装甲板模块  中包含一个如图6.12所示的积木块，Scratch编程中，将这种六边形形状的积木块叫作条件积木。

图6.12　条件积木

在 Scratch 编程中，条件积木需要与**选择结构**搭配使用。使用鼠标左键 单击无人车编程工具积木区中的"控制语句"模块 ，可以看到有很多积木块。其中，与**选择结构**相关的积木块一共有两个：分别如图6.13和图6.14所示，它们分别对应选择结构的两种形式：如果……、如果……否则……。

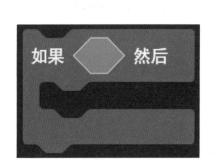

图6.13　如果……

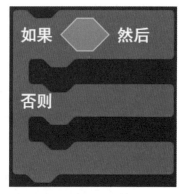

图6.14　如果……否则……

本课无人车对战时，只有在装甲板 受到攻击时，才会停止底盘移动和水弹发射，因此，只有一个条件，所以选择使用"如果……"选择结构，其程序执行流程如图6.15所示。

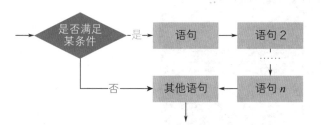

图6.15　"如果……"选择结构执行流程

两种选择结构的区别如下：

（1）如果……：如果条件成立，运行内部程序。

（2）如果……否则……：如果条件成立，运行"然后"内的程序，如果不成立，运行"否则"内的程序。

挑战空间

设计程序，使无人车的发射器⊙发射方向随着受到攻击装甲板🛡的位置而改变，如图6.16所示，即：左侧装甲板受到攻击，则云台转到**向左90度**；右侧装甲板受到攻击，则云台转到**向右90度**；前方装甲板受到攻击，则云台转到**正前方**；后方装甲板受到攻击，则云台转到**正后方**，在云台转到指定方向后，都需要连续射击水弹🎇。（发射器向不同方向射击，即需要转动云台，注意思考如何使云台单独转动。）

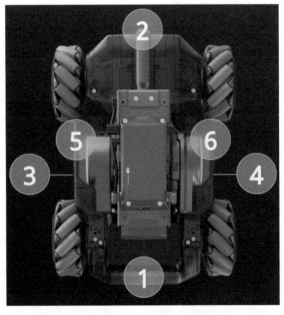

图6.16　根据受攻击装甲板位置改变发射方向

无人车编程模块
- 装甲板模块
  - 当任一装甲板受到攻击事件积木
  - 任一装甲板受到攻击事件积木
- 发射器模块
  - 连续发射水弹积木
  - 停止发射水弹积木

编程知识
- 事件
- 无限循环
- 选择结构

满血复活

乐乐，怎么了？

他俩这么互射，什么时候能停止啊？

想让被击中的举白旗？

今天我们就用灯光模拟一下你想要的效果。

本课学习目标

◆ 了解 LED 灯相关基础。

◆ 掌握无人车灯效模块的使用，并能够使用相关积木控制底盘和云台的 LED 灯。

◆ 熟悉等待积木的使用场景。

◆ 巩固循环结构的使用。

扫描二维码
获取本书资源

在实际对战时，失败的一方通常会"举白旗"，具体到无人车，我们可以让无人车亮白灯◯，表示失败投降。无人车编程工具中提供了一个灯效模块，如图7.1所示，其中包含与无人车灯效控制相关的所有编程积木。例如，使用灯效控制积木优化两军对战任务的代码，在装甲板受到攻击时，不仅底盘会停止运动，停止发射水弹，而且底盘也会亮白灯◯表示失败。优化后的代码如图7.2所示。

图7.1　灯效模块

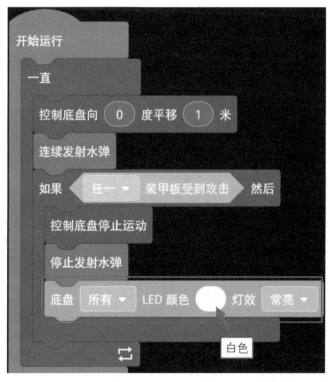

图7.2　优化无人车对战代码

本课的任务是通过灯效模块控制无人车的云台LED灯实现依次充能的效果，类似于我们在给电子设备充电时，经常看到的如图7.3所示的充电效果。

图7.3 电子设备充电效果

　　要控制无人车云台LED灯实现依次充能效果，首先需要确定云台LED灯的位置和数量，在大疆的RoboMaster无人车的云台 🔄 两侧，分别有 ⑧ 个可编程LED灯，其位置及标号如图7.4所示。

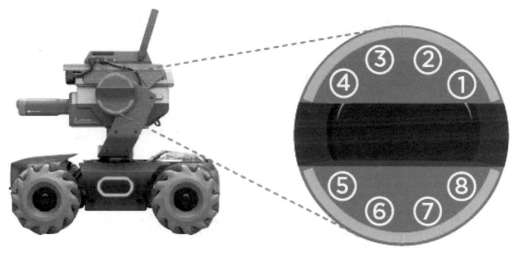

图7.4 无人车云台LED灯位置及标号

　　因此，要实现云台LED灯依次充能，首先应该编程控制无人车云台LED灯全部熄灭，然后再一个接一个逆时针 ↺ 依次点亮，从而达到依次充能的效果，如图7.5所示。

图7.5 通过云台LED灯模拟依次充能效果

根据上面的任务探秘分析，规划本任务的流程如图 7.6 所示。

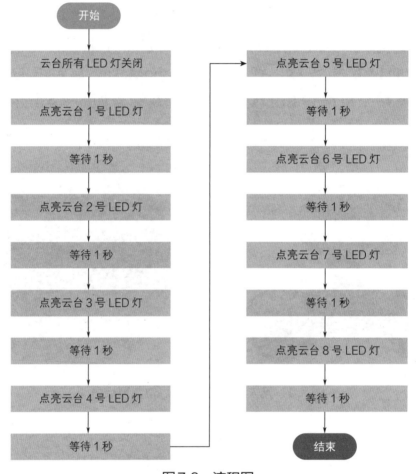

图7.6　流程图

编程实现

根据图 7.6 规划的流程，编写无人车云台 **LED** 灯实现依次充能效果的代码，如图7.7所示。

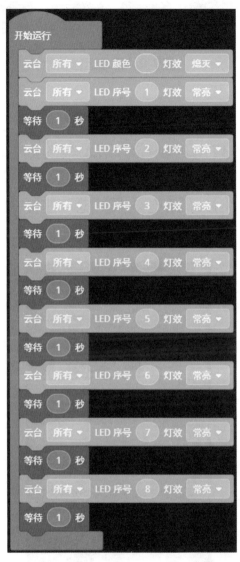

图7.7　云台LED灯实现依次充能效果的代码

测试程序

　　编写完程序后，需要使用计算机📺通过📶连接上无人车🚗，然后单击编程工具 R 中的▶按钮开始运行程序，观察云台两侧的LED灯效果，如图7.8所示。（说明：可以使用手机扫描本课二维码查看本程序的动态效果。）

图7.8 程序运行效果

优化程序

通过图7.7中的代码可以控制无人车的云台LED灯实现依次充能的效果，但就如我们平时所看到的电子设备充电一样，充电时，在没有充满之前一直循环显示充电效果，想一想，如果想让这个无人车的充能过程重复❿次，该如何做呢？如图7.9所示。

图7.9 云台LED灯实现10次依次充能效果的代码

图7.10　白炽灯　　图7.11　节能灯

LED灯基础

无人车上的灯都是LED灯，我们要控制无人车的灯光显示，需要使用灯效模块中的积木块，那么，你们知道什么是LED灯吗？日常生活中都有哪些种类的灯呢？

自从爱迪生发明了电灯以来，我们的日常生活中有各种各样的灯。最常用的有3种，分别是白炽灯、节能灯和LED灯，它们分别如图7.10～图7.12所示。

图7.12　LED灯

白炽灯：俗名钨丝灯，它是将灯丝通电加热到白炽状态，用来发光的灯。

节能灯：又称为省电灯泡，相比白炽灯，节能灯寿命长、耗电少，现在很多家庭使用的都是节能灯。

LED灯：利用LED作为光源的灯，最大的特点是省电、环保，而且发光效率高。

无人车灯效模块

无人车编程工具的积木区中提供了灯效模块，其中包含了与无人车灯效控制相关的所有编程积木，如图7.13所示。

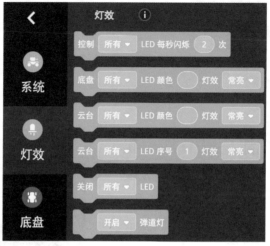

图7.13　灯效模块及包含的编程积木

在使用灯效模块  中的积木时，只需要将要使用的积木块拖放到编程区中，然后对要控制的**LED**灯位置和颜色进行设置即可。例如，将控制底盘灯效的积木块拖放到编程区中，单击 所有▾ ，可以选择要控制的底盘**LED**灯位置，如图7.14所示；单击后面的颜色块，可以设置指定位置处**LED**灯光的颜色，如图7.15所示。

图7.14　选择LED灯位置

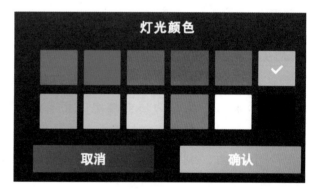

图7.15　选择LED灯光颜色

等待程序的执行

实现无人车的云台LED灯依次充能效果时，我们注意到任务中要求"依次"充能！这时就需要用到控制语句模块 中的等待积木，该积木主要在"等待指定秒数后再执行下一条指令"的场合下使用。等待积木效果如图7.16所示。

图7.16　等待积木

等待积木的默认等待时间为①秒，具体使用时，可以使用鼠标🖱
单击 ① 来修改要等待的时间。

挑战空间

尝试使用灯效模块🔔中的积木控制无人车底盘上的四个LED灯每
隔②秒变换一次颜色，变换效果为：红→蓝→黄→绿→粉，效果如图
7.17所示。

图7.17　控制底盘LED灯每2秒换色

知识卡片

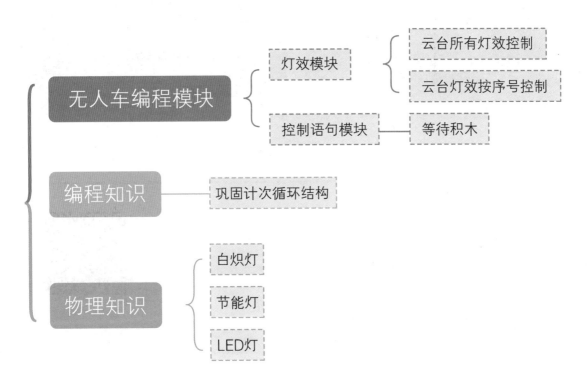

音乐之家（上）

 ## 本课学习目标

◆ 熟练掌握播放音效积木的使用。

◆ 了解扬声器如何发声。

◆ 熟悉 7 个基本音及唱法和音名。

◆ 巩固等待积木的使用。

扫描二维码
获取本书资源

图8.1是《小星星》的中文简谱🎵🎼，本课的任务要求无人车"弹奏"《小星星》。

小星星

1=C 4/4

1 1 5 5 ｜ 6 6 5 - ｜ 4 4 3 3 ｜ 2 2 1 - ｜ 5 5 4 4 ｜ 3 3 2 - ｜

一闪一闪　亮晶晶，　满天都是　小星星。　挂在天上　放光明，

5 5 4 4 ｜ 3 3 2 - ｜ 1 1 5 5 ｜ 6 6 5 - ｜ 4 4 3 3 ｜ 2 2 1 - ｜

好像许多　小眼睛。　一闪一闪　亮晶晶，　满天都是　小星星。

图8.1 《小星星》中文简谱

小知识

《小星星》，原名《Twinkle Twinkle Little Star》，又名《一闪一闪小星星》，由奥地利著名音乐家Mozart（莫扎特）谱曲，由英国著名女诗人Jane Taylor（简·泰勒）填词，已在全球广泛流传两个多世纪，是非常受欢迎的儿童歌曲。

本课的任务逻辑比较简单，只需要使用无人车的 播放音符 1C▾ 积木按照**顺序结构**依次播放《小星星》简谱🎵🎼上的音符对应的音名即可，但需要注意的是，每播放完⑦个音符，有一个"空拍"，即"1155665空 4433221空……"，因此我们需要使用"等待积木"等待❶秒。《小星星》中文简谱音符对应的音名如图8.2所示。

唱名：1155665　4433221
音名：C C G G A A G　F F E E D D C
5544332　5544332
G G F F E E D　G G F F E E D
1155665　4433221
C C G G A A G　F F E E D D C

图8.2 《小星星》中文简谱音符对应的音名

规划流程

根据上面的任务探秘分析，规划本任务的流程如图8.3所示。

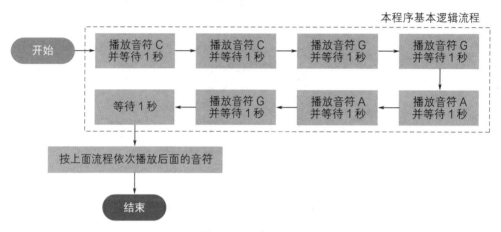

图8.3　流程图

说明

（1）图8.3中每播放1个音符后等待1秒，是为了能够使程序依次播放每一个音符；

（2）图8.3中省略了后面音符的播放流程，其流程与虚线框中流程类似，只是每次播放的音符不同。

编程实现

根据图8.3规划的流程，编写无人车 🚗 "弹奏"《小星星》的代码如图8.4所示。

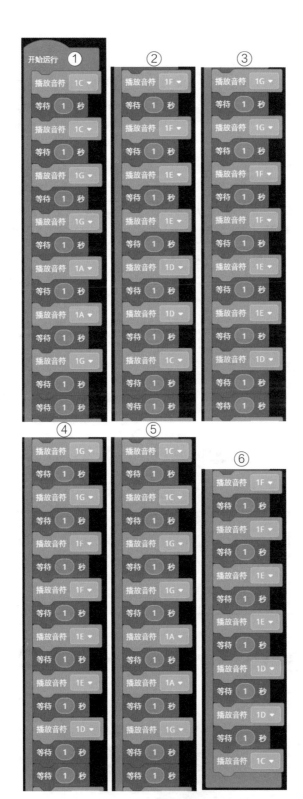

图8.4 无人车"弹奏"《小星星》代码

由于代码比较长，所以图8.4中截取成了 ❻ 段显示，在无人车编程工具中编写代码时，按照图8.4中的编号先后顺序将所有代码连接起来即可。

测试程序

编写完程序后，需要使用计算机📺通过 **WiFi** 🛜连接上无人车🚗，然后单击编程工具 **R** 中的 ▶ 按钮开始运行程序。（说明：程序运行结果请使用手机扫描本课二维码查看。）

什么是扬声器

无人车🚗通过扬声器◉播放声音，那么，什么是扬声器◉呢？

扬声器又称喇叭、音箱，它可以将电子信号转换成声音。在日常生活中处处都有扬声器的身影，比如，日常使用的手机、经常看的电视，甚至汽车上播放音乐的音响等。

无人车的扬声器◉如图8.5所示，它位于云台🔄上。

图8.5 无人车扬声器

音阶基础

使用无人车 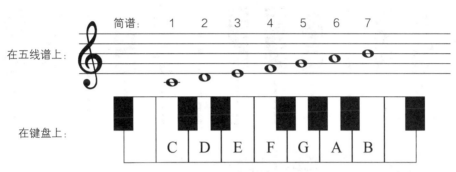"弹奏"《小星星》时需要一定的简谱基础知识，简谱中的7个基本音用阿拉伯数字1、2、3、4、5、6、7表示，分别唱作do、re、mi、fa、sol、la、si，它们对应的音名分别为C、D、E、F、G、A、B。❼个基本音对应五线谱位置及音名如图8.6所示。

图8.6　7个基本音对应五线谱位置及音名

小知识

设置播放音符界面上有3个符号：C1、C2、C3，其中，C是简谱的1（do）的音名，C1表示中音1，C2表示高音1，C3表示倍高音1，C1、C2、C3在简谱上的写法为1、1上加一个点（i）、1上加两个点（i）。另外需要说明的是，使用无人车编程工具中的播放音符积木时，显示播放的音符为数字在前、音名在后，即1C、2D等。

无人车多媒体模块

无人车编程工具的积木区中提供了多媒体模块 （图8.7），其中包含了与无人车声音 、拍照 、视频 相关的所有编程积木。

图8.7　多媒体模块

要控制无人车"弹奏"《小星星》，需要使用播放音符积木，该积木可以从所有音符 中选择一个音符 并进行播放，如图8.8所示。

图8.8　播放音符积木

播放音符积木默认播放的音符♫是1C，使用鼠标左键🖱️单击播放音符积木上的 1C ▾ ，可以根据实际需求设置要播放的音符♫，如图8.9所示。

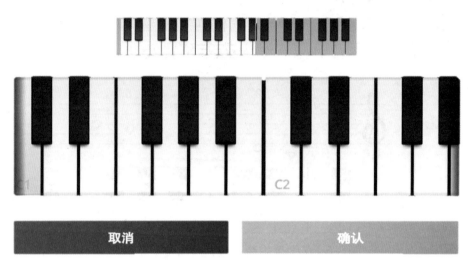

图8.9　设置要播放的音符

小知识

五线谱是世界上通用的一种记谱法，通过在五条等距离的平行横线上标以不同时值的音符及其他记号来记载音乐。

无人车多媒体模块

例如，使用 播放音符 1C ▾ 积木实现弹奏❼个基本音"1（do）、2（re）、3（mi）、4（fa）、5（sol）、6（la）、7（si）"，代码如图8.10所示。

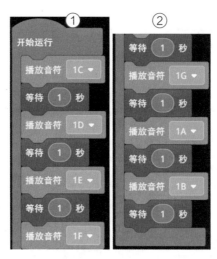

图8.10 使用播放音符积木实现弹奏7个基本音

试一试

多媒体模块中除了提供播放音符积木，还有播放音效积木，动手试试播放音效积木的使用效果。

挑战空间

尝试控制无人车 🚗 "弹奏"《两只老虎》。《两只老虎》简谱如图 8.11 所示。（提示：由于无人车编程工具的特殊性，在编写代码时，不用考虑每个音符的高低音效果。）

两只老虎

1=C $\frac{4}{4}$

1 2 3 1 ｜ 1 2 3 1 ｜ 3 4 5 - ｜ 3 4 5 - ｜

两只老虎，两只老虎，跑得快，跑得快，

5 6 5 4 3 1 ｜ 5 6 5 4 3 1 ｜ 1̣ 5̣ 1 - ｜ 1̣ 5̣ 1 - ‖

一只没有眼睛，一只没有耳朵，真奇怪，　真奇怪。

图8.11 《两只老虎》简谱

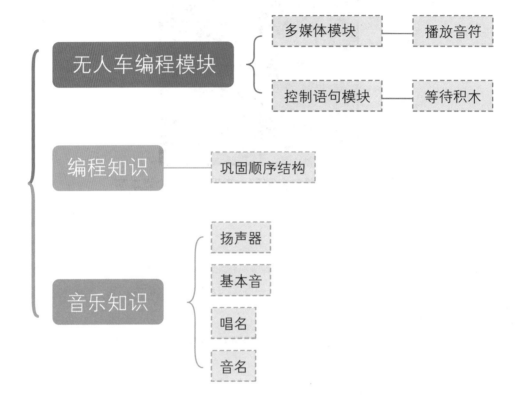

无人车编程模块
  多媒体模块 —— 播放音符
  控制语句模块 —— 等待积木

编程知识 —— 巩固顺序结构

音乐知识
  扬声器
  基本音
  唱名
  音名

第 9 课

音乐之家（下）

乐乐，你怎么了？

博士，《小星星》的代码太多了吧！

我发现有很多代码相同，是不是能用循环结构？

今天我们用函数简化《小星星》的代码……

本课学习目标

◆ 巩固播放音效积木的使用。

◆ 了解什么是函数。

◆ 熟悉如何使用函数简化程序。

扫描二维码
获取本书资源

任务探秘

仔细观察《小星星》中文简谱，我们发现了如图9.1所示的规律，即《小星星》简谱中，有2段旋律是相同的，但是这2段相同的旋律并没有相邻，而是分隔开的，所以不能使用循环实现，遇到这种情况，我们可以使用**函数**来实现。

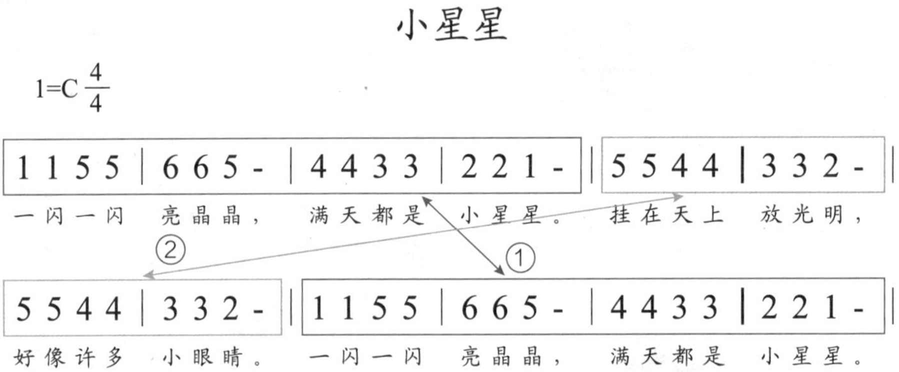

小星星
1=C 4/4
1 1 5 5 | 6 6 5 - | 4 4 3 3 | 2 2 1 - || 5 5 4 4 | 3 3 2 - |
一闪一闪 亮晶晶， 满天都是 小星星。 挂在天上 放光明，
②
①
5 5 4 4 | 3 3 2 - || 1 1 5 5 | 6 6 5 - | 4 4 3 3 | 2 2 1 - |
好像许多 小眼睛。 一闪一闪 亮晶晶， 满天都是 小星星。

图9.1 《小星星》中文简谱中的规律

规划流程

根据上面的任务探秘分析，需要使用**函数**优化无人车“弹奏”《小星星》的代码，**函数**具有“一次定义、多次使用”的特点，因此规划本任务的流程如图9.2所示。

开始
创建函数 1
（包含第 1 段相同的旋律）
创建函数 2
（包含第 2 段相同的旋律）
使用函数 1
使用函数 2
使用函数 2
使用函数 1
结束

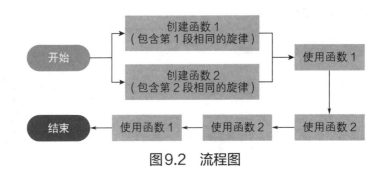

图9.2 流程图

函数1中包含图9.1中红色框标注的第1段相同旋律的流程，如图9.3所示。

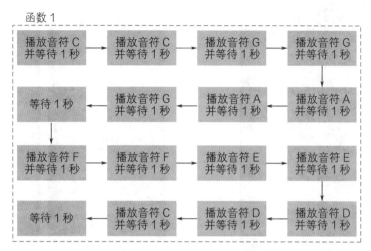

图9.3　函数1流程图

函数2中包含图9.1中绿色框标注的第2段相同旋律的流程，如图9.4所示。

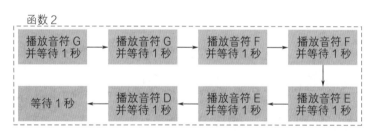

图9.4　函数2流程图

编程实现

根据图9.2规划的程序整体实现流程，首先需要根据图9.3和图9.4的流程设计"函数1"和"函数2"的代码，如图9.5和图9.6所示。

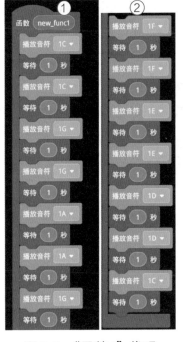

图9.5 "函数1"代码

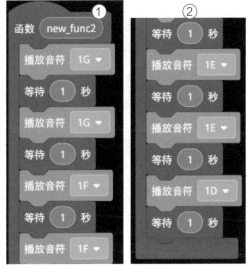

图9.6 "函数2"代码

 说明

由于代码比较长，所以图9.5中将"函数1"的代码截取成了两段显示。

设计完"函数1"和"函数2"的代码后，就可以根据图9.2规划的流程设计主程序代码了，如图9.7所示。

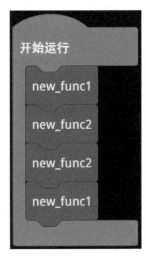

图9.7 使用函数优化无人车"弹奏"《小星星》的代码

说明

图9.7中，new_func1和new_func2是创建函数时的默认名称。new_func1表示函数1，new_func2表示函数2，这两个函数名都是创建函数时默认生成的，可以对其进行更改。

测试程序

编写完程序后，需要使用电脑💻通过wifi连接上无人车🏎，然后单击编程工具 R 中的 ▶ 按钮开始运行程序，程序运行结果请使用手机扫描本课二维码查看。（提示：观察运行效果是否与第8课中的任务效果一样。）

函数是什么

本课的任务主要是使用**函数**对无人车"弹奏"《小星星》的程序进行优化，那么，什么是函数呢？

小知识

函数是一段可以直接被引用的程序或者代码，它就像是小朋友搭房子用的积木一样，可以反复地使用。设计程序时，将一些重复使用的功能模块编写成函数，可以减少程序的重复编写。

创建函数

在无人车编程工具中创建**函数**非常简单，首先在"积木区"中找到最底部的"函数体" 回 ，使用鼠标左键🖱单击，然后在出现的积木块中，使用鼠标左键🖱按住 [🔑new_func1] 积木块，将其拖放到编程区即可，如图9.8所示。

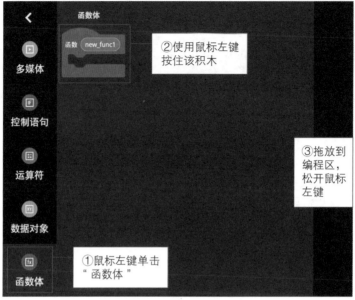

图9.8 创建函数的过程

可以向编程区中的函数体中添加任意积木，以完成相应的功能。例如，创建一个函数，用来依次播放"1（do）、2（re）"音符，代码如图9.9所示。其中，"new_func1"是函数名，可以进行更改；函数内部的语句统一称作函数体。

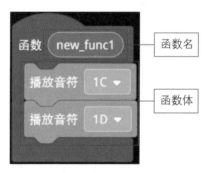

图9.9 创建函数播放音符代码

说明

（1）函数名不能以数字开头，而且不能包含符号（如#、@、$、\、/、*、?、:、|、<、>、(、)、[、]、{、}、~、+、−、^、!、&、%等）。

（2）无人车编程中的函数只有函数名和函数体，但在其他编程语言中，函数由函数名、参数和函数体3部分组成。

使用函数

创建完**函数**后，在积木区会自动生成一个用该函数名称命名的积木块，如图9.10所示。

函数体

图9.10　自动生成的函数积木块

使用创建的**函数**与使用其他自带的积木块一样，只需要将其拖放到指定的位置即可。另外，创建完的函数可以多次使用。例如，要在主程序中使用图9.10中创建的**函数**，代码如图9.11所示。

图9.11　使用函数代码

使用**函数**优化第8课挑战空间中无人车 🏎 "弹奏"《两只老虎》的代码。《两只老虎》简谱如图9.12所示。（提示：仔细观察《两只老虎》简谱的规律。）

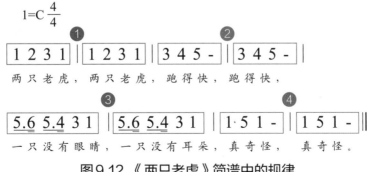

图9.12　《两只老虎》简谱中的规律

想一想，除了使用**函数**以外，还可以使用什么方法优化无人车"弹奏"《两只老虎》的代码。（提示：注意图9.12中标注的相同旋律是否相邻。）

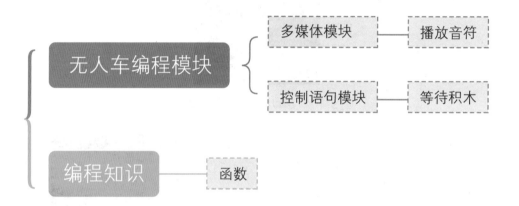

第10课

朗诵经典

 本课学习目标

- ◆ 掌握录制音频的方法。
- ◆ 掌握如何控制无人车播放音频。
- ◆ 掌握"如果……否则……"选择结构的使用。
- ◆ 学习随机数的使用（随机播放录制的古诗）。

扫描二维码
获取本书资源

任务探秘

本课的任务是控制无人车朗诵经典古诗《春晓》，如图10.1所示。

图10.1 《春晓》

小知识

唐诗与宋词是中国古代文学史上两颗耀眼的明珠，唐代被称为诗的时代，宋代被称为词的时代。唐代著名诗人有李白、杜甫、白居易、王维、贺知章、孟浩然等，宋代著名词人有苏轼、欧阳修、李清照、辛弃疾、柳永等。

规划流程

要使无人车朗诵古诗《春晓》，首先需要通过无人车编程工具录制古诗《春晓》的音频文件♫，然后使用 播放自定义音频 选择▾ 积木播放录制的音频文件♫。因此规划本任务的流程如图10.2所示。

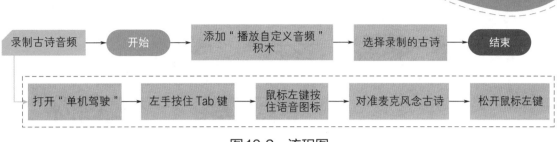

图10.2　流程图

编程实现

根据图10.2规划的流程设计程序代码如图10.3所示。

图10.3　无人车朗诵古诗《春晓》代码

测试程序

编写完程序后，需要使用计算机💻通过📶连接上无人车🚗，然后单击编程工具ℝ中的▶按钮开始运行程序。（说明：程序运行结果请使用手机扫描本课二维码查看。）

优化程序

图10.3中的代码只能使无人车🚗朗诵《春晓》，如果现在有两首或者更多首古诗词，我们想让无人车**随机**朗诵其中一首，应该怎么办呢？在编程中可以通过使用**随机数** ➕ **选择结构**实现，优化后的流程及代码分别如图10.4和图10.5所示。

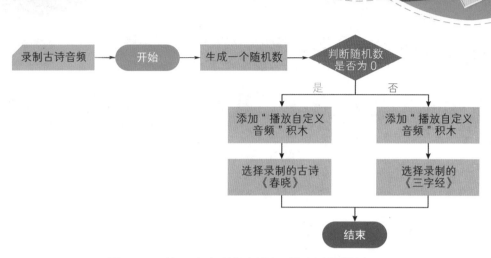

图10.4　使无人车随机朗诵一首古诗词的流程

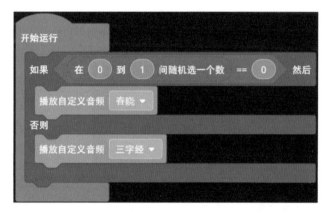

图10.5　使无人车随机朗诵一首古诗词的代码

录制音频

　　要使无人车 🏎️ 朗诵古诗词，首先需要有一个前提，即录制好指定古诗词的音频。那么，如何录制无人车中使用的音频文件🎵呢？下面进行讲解。

　　录制无人车音频文件🎵步骤如下：

　　（1）打开无人车编程工具 R ，单击主界面中左下角的 单机驾驶 按钮，如图10.6所示。

图10.6 在无人车编程工具主界面中单击"单机驾驶"按钮

（2）这时会进入无人车的单机驾驶界面，默认情况下，该界面中看不到鼠标🖱️，因此，我们需要使用左手按住键盘上的 🔲 键，如图10.7所示。

左手按住Tab键

图10.7 左手按住键盘上的<Tab>键

图10.8 使用鼠标左键按住单机驾驶界面的录音图标

（3）这时在无人车的单机驾驶界面会看到鼠标🖱️，移动鼠标🖱️，并使用鼠标左键🖱️按住录音图标🎤，如图10.8所示，对准麦克风说出自己需要的内容，完成后，松开鼠标左键🖱️即可。

 说明

要从单机驾驶界面返回主界面，按键盘上的<Esc>键即可。

播放自定义音频

录制完音频🎵后，就可以在无人车编程工具 🄡 的 实验室 中通过编程使用了，这需要用到多媒体模块 🄜 中的"播放自定义音频"积木。该类型的积木有两个，分别如图10.9和图10.10所示。

图10.9 "播放自定义音频"积木1

图10.10 "播放自定义音频"积木2

说明

"播放自定义音频"积木有两个，它们的区别是："播放自定义音频"积木会在播放音频的同时执行其他的积木，而"播放自定义音频直到结束"积木则是播放完音频后，才会去执行其他积木，实际编程中，根据自己的需求选择即可。

"播放自定义音频"积木的使用非常简单，只要将该积木拖放到编程区，然后使用鼠标左键🖱单击 选择▼ ，选择自己录制的音频文件🎵，选择完单击 确认 即可，如图10.11所示。

图10.11　选择自定义音频

技巧

单击图10.11左上角的➕按钮，可以导入录制的音频，而单击每个音频名称后面的⋯按钮，可以为音频文件修改名字，比如图10.11中的古诗词名字就是修改之后的。

选择结构及相等判断

第6课中讲过"如果……"类型的**选择结构**，除了这种类型之外，**选择结构**还有一种类型，即：如果……否则……，它表示：如果条件成立，运行"然后"内的程序，如果不成立，运行"否则"内的程序，如图10.12所示。"如果……否则……"选择结构程序的执行流程如图10.13所示。

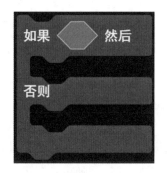

图10.12 "如果……否则……"选择结构

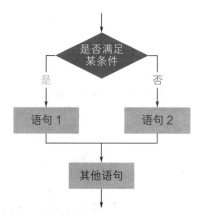

图10.13 "如果……否则……"选择结构执行流程

在"如果……否则……"选择结构积木中，有一个六边形形状的区域，该区域使用**条件积木**进行填充，表示要执行下面语句需要满足的条件。无人车编程工具的运算符模块 ⊞ 中包含了判断相互关系的**条件积木**，本课优化任务中需要使用"判断相等"积木 ⬭ 0 = 0 ⬭ 来确定具体播放哪首古诗词。

随机数的使用

无人车编程工具的运算符模块  中提供了一个**随机数**积木，使用该积木可以随机生成一个整数，默认生成❶～❿之间的整数，如图10.14所示，但我们可以修改生成的随机数的范围，最小为⓪，最大为无穷大。另外需要注意的是，后面的数字必须比前面的数字大。

图10.14 "随机数"积木

例如，本课在优化任务时，使用**随机数**积木随机生成了一个⓪或者❶的数字，并且根据随机生成的数字确定要播放哪首古诗词，如图10.15所示。

图10.15 根据随机生成的数字判断播放哪首古诗词

优化无人车朗诵古诗《春晓》的代码，使其能够**随机**朗诵❶～❺遍。

尝试录制❸首古诗音频♬（你知道的任意3首），然后让无人车**随机**朗诵其中的一首。提示：需要使用变量记录随机生成的数。

知识卡片

无人车编程模块
- 多媒体模块 ——— 播放自定义音频
- 操作 ——— 录制音频

编程知识
- 选择结构：如果……否则……
- 相等判断
- 随机数

语文知识
- 春晓
- 三字经

第11课

老师小助手（上）

 本课学习目标

- ◆ 掌握变量的创建及使用。
- ◆ 掌握如何对数字进行加减乘运算。
- ◆ 掌握比较运算符的使用。
- ◆ 巩固随机数的使用。
- ◆ 学会使用变量或者运算结果设置底盘平移距离。

扫描二维码
获取本书资源

任务探秘

本课任务要求每个人都帮助老师设计一个程序，可以**随机**生成加法口算题，具体要求为：实现16以内的随机加法运算，并通过控制无人车![car]平移距离模拟出结果。任务示意图如图11.1所示。

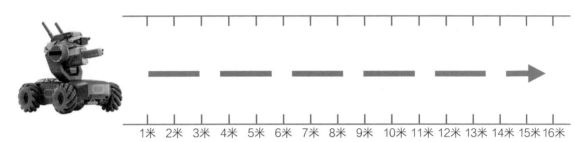

图11.1 本课任务示意图

说明

通过编程控制的无人车可以在100米以内运动，本课中根据场地限制实现的是16以内的随机加法运算，读者可以对该范围进行修改。

规划流程

分析上面的任务，要**随机**生成加法口算题，首先应该随机生成两个数字，为了方便使用，可以使用**变量**存储这两个数字，然后通过 `控制底盘向 0 度平移 1 米` 积木使无人车![car]平移两个变量相加的距离（这里需要注意的是：无人车底盘每次平移的最大距离为 ⑤ 米）。根据上面的任务探秘分析，规划本任务的流程如图11.2所示。

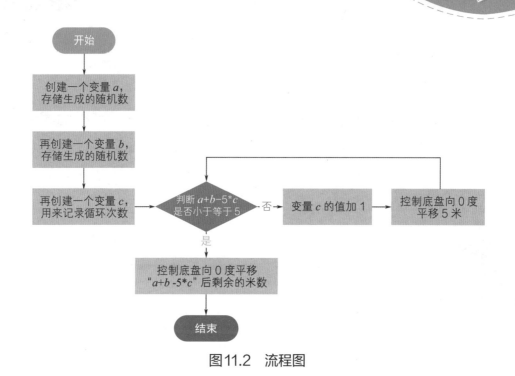

图11.2　流程图

 说明

图11.2中出现了一个四则混合运算的算式"$a+b-5*c$"，其中，$a+b$表示计算的总长度，因为无人车每次最多平移5米，所以应该用$a+b$减去之前每次循环已经移动的距离（$5*c$）。

 探索实践

编程实现

根据图11.2规划的流程设计程序代码如图11.3所示。

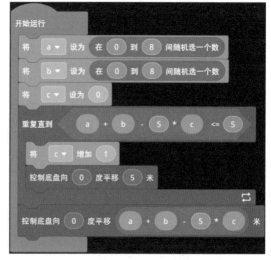

图11.3　无人车计算加法运算程序代码

为什么随机生成的两个数的范围设置成了 0 ~ 8 之间？

测试程序

编写完程序后，需要使用电脑💻通过 **wifi**🛜连接上无人车🏎，然后单击编程工具🅡中的▶按钮开始运行程序，多次运行查看运行结果。（说明：程序运行结果请使用手机扫描本课二维码查看。）

优化程序

通过图11.3中的程序，可以从运行结果看出生成的两个**随机数**的和，但无法知道具体生成的**随机数**的值分别是多少。那么，如何看出每个**随机数**的具体值是多少，并能够得到最终结果呢？

我们可以控制底盘🎛分别向前平移生成的两个随机数对应的米数，即将代码优化为如图11.4所示。

图11.4　优化无人车模拟加法计算代码

变量的使用

本课任务中使用了**变量**记录随机生成的加数。那么，什么是**变量**呢？**变量**又有什么作用呢？

变量是可以变化的量。比如，随着时间的推移，我们的身高、体重、年龄都在不断变化，这些都可以称作"**变量**"。**变量**其实就是一个名字，使用它可以存储数据。创建一个变量后，这个变量就可以通过不断被赋值来进行运算。在无人车编程工具中创建变量的步骤主要分为❹步，分别如下：

第1步 使用鼠标左键🖱单击左侧"数据对象" xy；

第2步 使用鼠标左键🖱单击"创建一个变量"；

第3步 在弹出的"新变量名称"中输入变量的名称；

第4步 单击"确认"按钮。

创建变量的过程如图11.5所示。

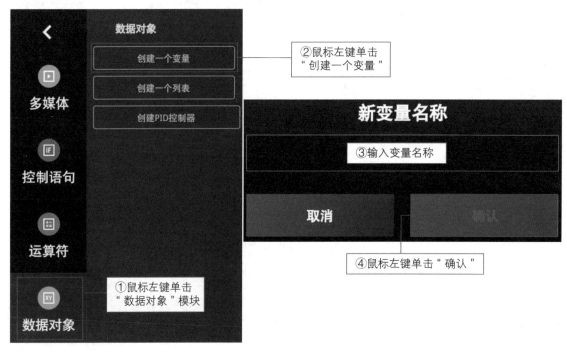

图11.5 创建变量的过程

创建完一个**变量**后，会自动在无人车编程工具的"数据对象"模块 中出现这个变量，并且会自动添加两个为变量设置和增加值的积木，如图11.6所示。

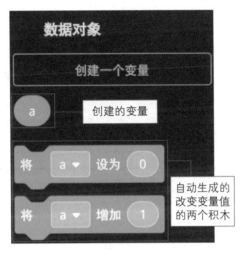

图11.6　创建的变量积木

说明

创建多个变量时，自动生成的为变量设置和增加值的积木也是两个，如果要为其他变量设置值或者增加值，可以将相应积木拖放到编程区后，单击变量名后面的 按钮进行选择。

创建的**变量**是一个椭圆形的积木，它可以用在任何有椭圆形区域的积木块中。例如，图11.7所示的积木中都可以使用变量。

图11.7　可以使用变量的积木

要使用**变量**，只需要将"数据对象"模块中创建的变量拖放到积木的椭圆形区域内即可。例如，控制底盘向前平移时，将其平移距离设置成创建的变量，则代码如图11.8所示。

图11.8　使用变量代码

> **小知识**
>
> 变量通常用于计算，比如加减乘除计算，或者在事件积木中作为标志，例如，本课任务中使用变量来表示识别到的箭头，其中，变量的值为0，表示识别到左箭头，变量的值为1，表示识别到右箭头，变量的值为2，表示识别到停止箭头。

运算符之算术运算

在无人车编程工具的运算符模块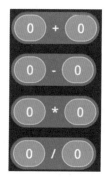中提供了❹个算术运算积木，分别用于进行加 **+** 、减 **−** 、乘 ***** 、除 **/** 运算，如图11.9所示。

图11.9　算术运算积木

图11.9中的❹个算术运算积木两边的数字默认值都是⓪，使用时可以修改，可以直接改成数字相加，如图11.10所示，也可以是其他能够得到值的积木或者变量等，如图11.11和图11.12所示。

图11.10　加号两边直接用数字

图11.11　加号两边用能够得到值的积木

图11.12　加号两边用变量

另外，算术运算积木中还可以**嵌套**使用，例如，本课任务中，当两个变量的和大于❺时，由于无人车每次最远距离只能是❺米，所以需要使用多个算术运算积木计算得到每次移动的距离，代码如图11.13所示。

图11.13　算术运算积木的嵌套使用

说明

无人车编程工具中，不能直接输出值，所以要查看具体的值，一种方法是在无人车的FPV模式下查看，另一种方法是直接观察无人车的运行效果，比如底盘移动距离、灯光闪烁次数等。

运算符之比较运算

在无人车编程工具的运算符模块 ▣ 中提供了❻个比较大小关系的六边形积木，它们被统称为比较运算积木，分别用于比较两个数的相等 ══、不等 ╞═、小于 ＜、小于等于 ＜═、大于 ＞、大于等于 ＞═ 关系，如图11.14所示。

例如，本课任务中，将两个变量的和减 ━ 每次平移距离后的结果，与底盘每次最大平移距离❺进行比较，并将比较结果作为**条件循环**的条件，代码如图11.15所示。

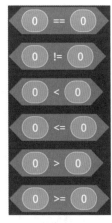

图11.14　比较运算积木

图11.15　程序中使用比较运算积木

本课任务中实现的代码每次只能随机生成一道加法运算题，请尝试优化本课任务代码，使其能够**随机**生成*n*道加法题并计算，要求每次计算时，无人车 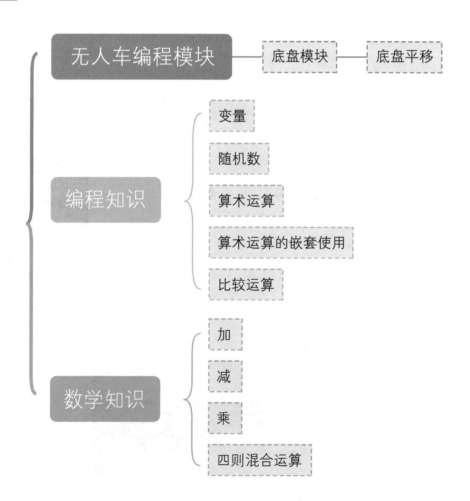 回到原点。

提示：注意题目中要求的"每次计算无人车回到原点"；另外，在每次计算完后，应该暂停程序，而在无人车回到原点开始下一次计算前，也应该暂停程序，以便分清楚每一次计算。

知识卡片

无人车编程模块 —— 底盘模块 —— 底盘平移

编程知识
- 变量
- 随机数
- 算术运算
- 算术运算的嵌套使用
- 比较运算

数学知识
- 加
- 减
- 乘
- 四则混合运算

第 12 课

老师小助手（下）

首先表扬一下圆圆，她用编程做得出加法口算题程序非常棒！

谢谢精奇博士。

这里先给大家布置个任务。

精奇博士，什么任务啊？

改造一下圆圆的程序，让它可以随机出加减法口算题。

本课学习目标

◆ 掌握变量在循环中的使用。

◆ 掌握如何分析处理加减运算结果。

◆ 掌握比较运算符的使用。

◆ 巩固随机数的使用。

◆ 巩固语句嵌套的使用。

扫描二维码
获取本书资源

任务探秘

本课任务在第11课任务基础上，要求一次可以出 ❿道加减法口算题，具体的判断标准为：如果第一个数比第二个数大，出减法题；否则，出加法题，最后通过控制无人车底盘 移动距离模拟出计算结果。

规划流程

分析上面的任务，要一次生成❿道加减法口算题，首先应该随机生成两个用于计算的数字，并使用变量记录；然后应该在一个循环次数为❿次的计次循环中去实现加减法题，该循环中，通过使用"如果……否则……"选择结构判断两个变量的大小关系，从而生成加法题或者减法题；最后通过控制无人车底盘移动距离模拟计算结果。另外，需要注意的一点是，每次出一道题之后，应该让程序暂停一下，以便与后续的题区分开。

根据上面的任务探秘分析，规划本任务的流程如图12.1所示。

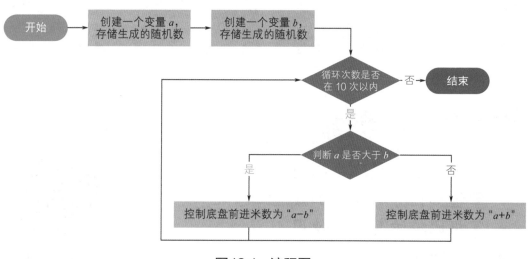

图12.1 流程图

探索实践

编程实现

根据图12.1规划的流程设计程序代码如图12.2所示。

测试程序

编写完程序后，需要使用计算机💻通过wifi连接上无人车🚗，然后单击编程工具®中的▶按钮运行程序，观察程序的运行结果。（说明：程序运行结果请使用手机扫描本课二维码查看。）

优化程序

运行图12.2所示程序，发现每次执行计算，无人车🚗都向前平移，但如果平移范围超出无人车的可控范围（约100米），无人车🚗就不再受控制，因此，这里对图12.2所示程序进行优化，即每执行一次运算后，使无人车返回原点，这可以通过控制无人车的平移方向✛来实现。优化后的代码如图12.3所示。

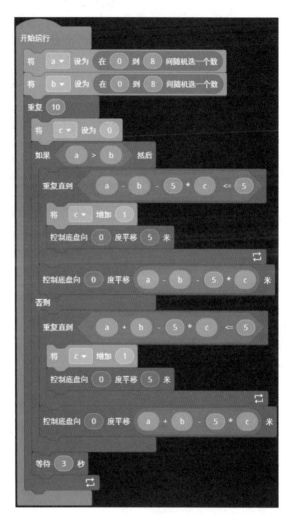

图12.2 无人车模拟10道加减法口算题的代码

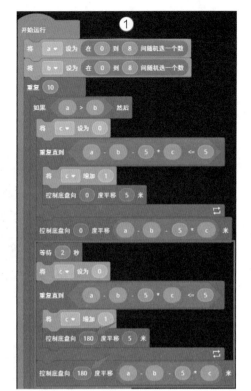

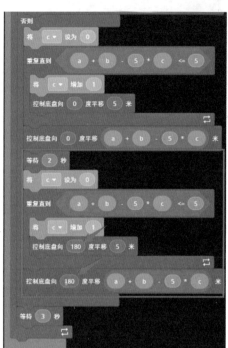

图12.3 优化无人车模拟加减法计算的代码

图12.2和图12.3中程序只能看到每次运算的结果,并不能看出是加法题还是减法题,也不能看出具体执行计算的两个值是多少,你能通过修改程序解决以上问题吗?

如何控制加减法运算的生成

由于无人车底盘 ▓ 移动时,距离不能设置为负数,因此,程序中需要控制在生成减法题时，必须是大数减小数。本任务中通过使用"如果……否则……"**选择结构**并结合 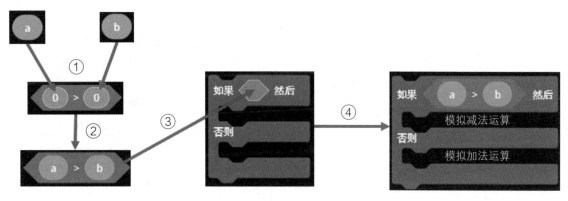 积木对两个数的大小关系进行判断，如果变量a〉b，生成减法题，否则，生成加法题，代码如图12.4所示。

图12.4　使用"如果……否则……"选择结构并结合大于运算积木判断两个数的大小关系

分析处理加减法运算结果

本课任务生成的是⑯以内的加减法➕➖运算题，其中，随机生成的两个数的范围在⓪～⑧之间，即变量a、b的最小值可能是⓪，最大值可能是⑧。由**极限法**得知，这两个变量的差最大为⑧，和最大为⑯，而无人车底盘▦每次的移动距离最大为⑤，因此我们在通过无人车🚗模拟加减法运算结果时，需要对变量a、b的差或者和进行处理，下面分别以变量a、b差的最大值、和的最大值为例进行分析。

分析处理加法运算结果

本课任务中，变量a和b的和最大为⑯，而无人车底盘▦每次移动的最大距离为⑤，因此，需要将16分成3个⑤和一个①，即在极限情况下，无人车底盘▦移动④次才能准确模拟出➕运算的结果，如图12.5所示。

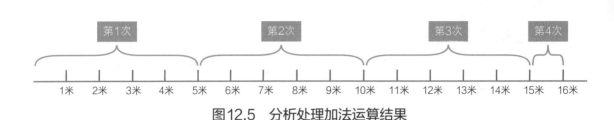

图12.5　分析处理加法运算结果

> ### 说明
>
> 　　通过上面的分析，程序中实现时应该采用循环结构，但上面分析的是加法运算可能出现的最大值，但程序实际运行过程中，有可能会出现0 ~ 16中间的任何一个值，因此，循环的次数并不是固定的，这时可以使用**条件循环**实现。在条件循环中，需要设置一个跳出循环的条件，本课任务中，当移动距离<=5时，即可退出循环。

　　可以使用如图12.6所示的代码控制无人车底盘的移动。

图12.6　选择控制无人车底盘移动的直到型循

环

　　那么，图12.6中到底哪个值应该 <= 5呢？正常应该是变量a与b的和，这里假设a与b的和是16，那么在执行完第❶次循环后，第❷次就应该判断的是11是否 <= 5，第❸次应该判断的是6是否 <= 5，依此类推，可以总结出如下公式：

$a+b-5*(循环次数-1)<=5$

　　通过上面分析，可以确定条件循环的条件判断应该如图12.7所示。

图12.7 进行加法运算时条件循环中的条件判断

分析处理减法运算结果

本课任务中，变量a和b的差最大为❽，而无人车底盘🔲每次移动的最大距离为❺，即在极限情况下，无人车底盘移动❷次才能准确模拟出减法➖运算的结果，如图12.8所示。

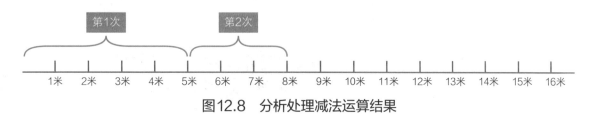

图12.8 分析处理减法运算结果

减法➖运算结果的处理与加法➕类似，只是需要将判断条件中"变量a与b的和"修改为"变量a与b的差"，即公式如下：

$a - b - 5 * ($循环次数$-1) <= 5$

通过上面分析，可以确定条件循环的条件判断应该如图12.9所示。

图12.9 进行减法运算时条件循环中的条件判断

想一想

模拟减法运算结果时，还可以使用什么方法实现？

循环中的迭代变量

上一节中，在设置**条件循环**的条件时，有一个值为"循环次数 − 1"，这里的循环次数可以用一个**变量**表示，该变量在循环中有一个专有名词，叫作**迭代变量**。

说明

程序设计中，每一次对过程的重复称为一次"迭代"，而每一次迭代得到的结果会作为下一次迭代的初始值，在循环中可以改变迭代变量的值，从而达到改变条件的效果。

例如，本课任务中借助变量c判断是否需要执行条件循环中的代码积木，如图12.10所示。

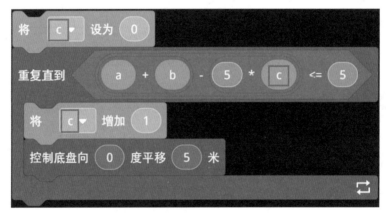

图12.10　在循环中使用迭代变量

随机生成⑩道20以内的加减法计算题，并使用无人车🏎模拟出结果。

提示：可以借助一个变量记录是加法题还是减法题；另外，如果是减法题，由于控制底盘平移时的值不能是负数，因此需要判断两个数的大小关系。

知识卡片

无人车编程模块 —— 底盘模块 —— 底盘平移

编程知识
- 迭代变量
- 语句嵌套
- 条件循环
- 算术运算

数学知识
- 加
- 减
- 乘
- 四则混合运算

无人车编程工具
下载与安装

要使用计算机编程控制无人车，首先需要下载无人车的编程工具，这里以Windows 10操作系统为例讲解如何下载并安装无人车编程工具。

1. 下载无人车编程工具

下载无人车编程工具需要在大疆无人车官网地址：https://www.dji.com/cn/robomaster-s1进行下载，这里需要注意的是，官网提供了多种版本的下载工具（针对苹果手机或平板电脑的iOS版本、针对Android手机或平板电脑的Android版本、针对苹果系统的Mac版本，以及针对Windows系统的Windows版本），可以根据自己使用的设备下载相应版本的编程工具。

2. 安装无人车编程工具

下载完无人车编程工具的安装文件后，就可以在本地计算机上安装了，安装步骤如下：

（1）使用鼠标双击下载的无人车编程工具安装文件，默认安装的语言是简体中文，单击"确定"按钮，打开"选择安装位置"窗口，单击"浏览"按钮选择安装位置，如图1所示。

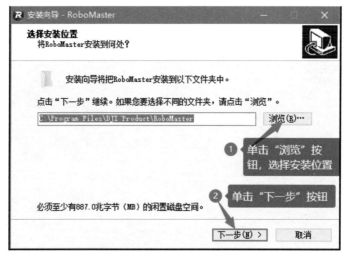

图1 "选择安装位置"窗口

（2）选择完安装位置后，按照向导依次单击"下一步""安装"按钮，然后等待安装完成即可。

3. 打开无人车编程工具

打开无人车编程工具的步骤如下：

（1）无人车编程工具安装完成后，会在用户的计算机桌面上自动创建一个快捷方式 ，双击可以打开无人车编程工具，第一次打开时会显示登录页面，该页面中输入已经注册的大疆账号、密码和验证码，单击"登录"按钮，如图2所示。

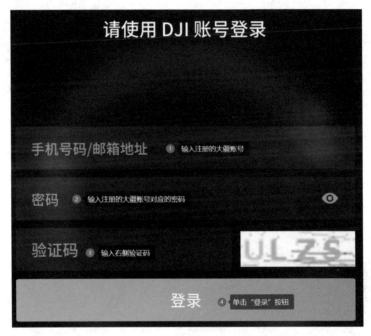

图2　登录页面

说明

如果还没有注册大疆的账户，需要在官网进行注册，官网地址：https://www.dji.com/cn/robomaster-s1。

（2）如果输入的账户、密码和验证码正确，即可进入无人车编程工具中，首次进入时，需要连接无人车，如果手里有大疆的无人车，单击"连接机器人"按钮，如果没有，则单击右上角的"忽略"，如图3所示。

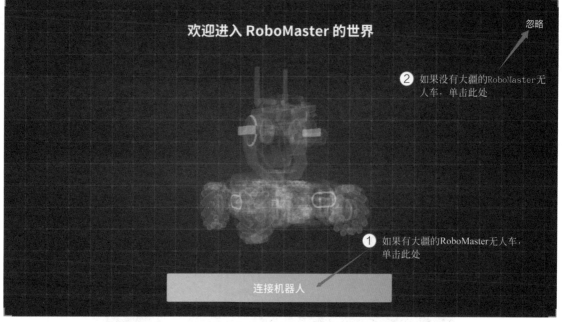

欢迎进入 RoboMaster 的世界

忽略

② 如果没有大疆的RoboMaster无人车，单击此处

① 如果有大疆的RoboMaster无人车，单击此处

连接机器人

图3　连接无人车页面

（3）这时即可打开无人车编程工具的首页，要编程控制无人车，需要单击右下方的"实验室"按钮，然后选择"我的程序"，在打开的我的程序页面中单击左上方的"新建程序"按钮，即可新建一个程序，如图4所示。

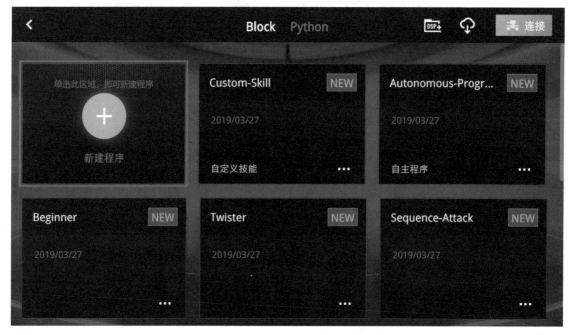

图4　单击"新建程序"按钮

（4）这时即可进入无人车编程工具的编程页面，如图5所示。

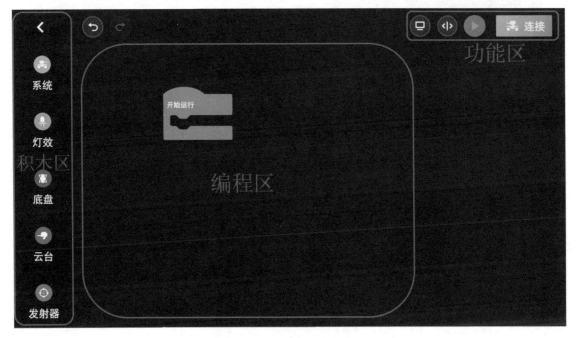

图5　无人车编程区域划分

无人车模拟器的安装与使用

　　使用Scratch进行无人车编程，编写完程序后，最关键的一点是连接无人车测试程序是否正确，但由于大疆无人车的价格原因，并不是学习Scratch无人车编程的孩子都能拥有一台，那么，没有大疆无人车，我们的程序就无法测试运行了吗？答案是否定的！

　　考虑到上面的原因，大疆公司推出了可以在Windows系统上运行的无人车模拟器，使我们可以即使在没有大疆无人车的情况下，也能方便地测试运行自己编写的代码。本节将对无人车模拟器的安装及使用步骤进行详细讲解。

　　1. 下载大疆教育平台

　　无人车模拟器集成在大疆教育平台中，因此首先需要下载大疆教育平台，下载地址为：https://www.dji.com/cn/downloads/softwares/dji-education-hub。

　　2. 安装大疆教育平台

　　大疆教育平台的安装文件下载完成后，就可以在本地计算机上安装了，安装步骤如下：

　　使用鼠标双击下载的大疆教育平台安装文件，按照向导安装即可，最关键的一步是选择安装位置，如图1所示。

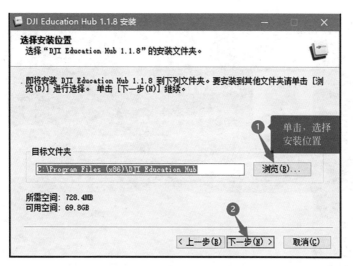

图1 "选择安装位置"窗口

3. 安装无人车模拟器

大疆教育平台安装完成后，会在用户的计算机桌面上自动创建一个快捷方式，如图2所示，另外，在系统的"开始"菜单中会自动创建一个如图3所示的快捷方式，通过图2和图3所示的快捷方式，都可以打开大疆教育平台。

图2 大疆教育平台的桌面快捷方式

图3 "开始"菜单中的大疆教育平台快捷方式

使用鼠标左键双击图2所示的桌面快捷方式，或者单击图3中的快捷方式，都可以打开大疆教育平台，进入大疆教育平台主窗口后，在左侧菜单区域的最下方找到"应用中心"并单击，然后单击右侧"大疆机器人模拟器"选项卡中的"下载"按钮，如图4所示，等待下载安装完成即可。

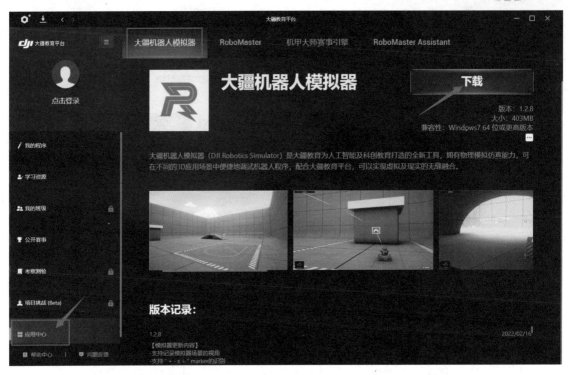

图4　在"应用中心\大疆机器人模拟器"中单击"下载"按钮

4. 初始化无人车模拟器

等待无人车模拟器安装完成后，"大疆机器人模拟器"选项卡中的"下载"按钮自动变成"启动"按钮，如图5所示。

图5　无人车模拟器安装完成的状态

无人车模拟器安装完成后，在使用之前需要进行初始化，步骤如下：

（1）在大疆教育平台的"应用中心"中，单击"大疆机器人模拟器"选项卡页面的"启动"按钮，进入"选择模拟器场景"窗口，第一次启动时，会自动进行性能测试，等待检测完成后，选择模拟器场景，如图6所示。

图6 "选择模拟器场景"窗口

（2）弹出"选择设备"对话框，该对话框中提供了3种设备，分别为RoboMaster S1、RoboMaster EP步兵机器、RoboMaster EP工程车形态，根据自己的需要任意单击其中一个即可进入无人车模拟器的模拟窗口中。

通过以上步骤即完成了无人车模拟器的初始化过程，要关闭无人车模拟器，直接单击左上角的"×"（关闭按钮）即可。

5. 使用无人车模拟器

无人车模拟器初始化完成后，接下来就可以在大疆教育平台中编写控制无人车的程序，并使用无人车模拟器进行模拟运行了，具体步骤如下：

（1）打开大疆教育平台，在我的程序页面中单击"本地程序"下方的"创建程序"按钮，如图7所示。

图7　单击我的程序页面中的"创建程序"按钮

（2）弹出"程序种类"对话框，该对话框中提供两种程序种类，分别是EP/S1（无人车程序）和TT/Tello EDU（无人机程序），这里选择EP/S1，并在下方的"程序名称"文本框中输入程序的名称，单击"确定"按钮，进入创建的程序窗口，该窗口中设计程序的方法与在无人车编程工具中一样，即从最左侧的"积木区"，将相应的积木块拖放到中间编程区的"开始运行"积木中即可，如图8所示。

图8　程序设计窗口

（3）程序设计完成后，单击右侧的"启动模拟器"按钮，弹出"DJI Robotic Simulator"窗口（即无人车模拟器窗口），任意选择一个模拟器场景，单击程序设计窗口中的 ▶ 按钮，即可在无人车模拟器窗口中看到代码的运行效果，如图9所示。

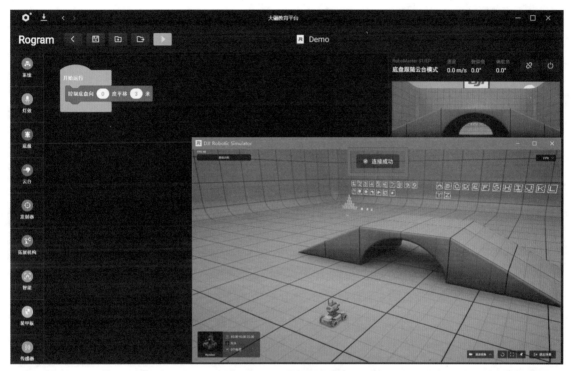

图9　在无人车模拟器窗口中查看代码运行效果